T/CAGHP 006—2018

目　次

前言	Ⅲ
引言	Ⅴ
1 范围	1
2 规范性引用文件	1
3 术语和定义	1
4 基本规定	2
4.1 勘查目的和任务	2
4.2 勘查阶段划分	2
5 泥石流类型划分及危害性分级	3
5.1 泥石流类型划分	3
5.2 泥石流规模分级	3
6 泥石流治理工程勘查	4
6.1 初步勘查	4
6.2 详细勘查	9
6.3 补充勘查	10
7 勘查工作方法	11
7.1 资料收集	11
7.2 遥感解译	11
7.3 地形测量与工程地质测绘	12
7.4 地质环境条件（工程地质）调查	12
7.5 勘探	13
7.6 工程物探	15
7.7 试验	15
8 资料整理及成果编制	15
8.1 原始资料整理的基本要求	15
8.2 编制勘查设计书及成果报告的基本要求	16
8.3 图件编制的基本要求	18
8.4 附件编制的基本要求	18
附录 A（规范性附录） 泥石流类型划分	20
附录 B（资料性附录） 泥石流沟发展阶段的识别	22
附录 C（资料性附录） 泥石流物源计算	23
附录 D（资料性附录） 暴雨强度指标 R	29
附录 E（资料性附录） 泥石流调查表	30
附录 F（资料性附录） 泥石流危险区范围预测	32
附录 G（资料性附录） 勘探记录表格式	35

附录 H（资料性附录） 泥石流试验方法 ································· 39
附录 I（资料性附录） 泥石流沟的数量化综合评判及易发程度分级标准 ················ 42
附录 J（资料性附录） 泥石流特征值的确定 ··································· 45
附录 K（资料性附录） 堵溃型泥石流调查评判及溃决流量计算 ····················· 60
附录 L（规范性附录） 泥石流勘查基本工作量表 ······························· 62
附录 M（资料性附录） 勘查设计书编制提纲 ·································· 63
附录 N（资料性附录） 勘查报告编写提纲 ··································· 65

前言

本标准按照 GB/T 1.1—2009《标准化工作导则 第1部分：标准的结构和编写》给出的规则起草。

本标准附录 A、附录 L 为规范性附录，附录 B、附录 C、附录 D、附录 E、附录 F、附录 G、附录 H、附录 I、附录 J、附录 K、附录 M、附录 N 为资料性附录。

本标准由中国地质灾害防治工程行业协会提出并归口。

本标准起草单位：四川省华地建设工程有限责任公司、中国科学院·水利部成都山地灾害与环境研究所、成都理工大学、中铁西南科学研究院有限公司、四川省地质矿产勘查开发局九一五水文地质工程地质队、四川省煤田地质工程勘察设计研究院、中化地质矿山总局化工地质调查总院、北京市水利规划设计研究院。

本标准主要起草人：赵松江、李德华、李胜伟、陈宁生、余斌、郝红兵、张远明、邓明枫、曹楠、谷明成、赵峥、钟东、申文金、冉茂云、温清茂、周小军、苏志军、程凌鹏。

本标准由中国地质灾害防治工程行业协会负责解释。

引 言

本标准是根据《国土资源部关于编制和修订地质灾害防治行业标准工作的公告》(国土资源部〔2013〕第 12 号文)的要求,由中国地质灾害防治工程行业协会与四川省国土资源厅组织,经遴选的专业勘查设计单位、科研院所组成编制组,针对泥石流防治工程勘查的实际需要,在全面总结以往经验和目前泥石流最新科研成果的基础上,经广泛征求行业相关单位和专家意见并与有关标准对接后编制完成。

泥石流灾害防治工程勘查规范(试行)

1 范围

本标准规定了泥石流防治工程勘查阶段的划分、勘查基本工作量、勘查方法与手段、成果报告编制,以及泥石流物源调查、堵溃型泥石流的判定计算等技术要求。

本标准适用于自然或人为因素引发的危及城镇人口集中区、工矿企业、风景名胜区、乡村集聚地、学校等公共安全的泥石流灾害防治工程勘查工作;水利水电、公路、铁路等其他行业泥石流灾害防治工程勘查工作可参照执行。

2 规范性引用文件

下列文件中对于本标准的应用是必不可少的。凡是注日期的引用文件,仅所注日期的版本适用于本标准。凡是不注日期的引用文件,其最新版本(包括所有的修改单)适用于本标准。

 GB 50007 建筑地基基础设计规范
 GB 50021 岩土工程勘察规范
 GB 50026 工程测量规范
 GB 50487 水利水电工程地质勘察规范
 GBJ 27 铁路工程地质泥石流勘测规则
 GB/T 50123 土工试验方法标准
 GB/T 50266 工程岩体试验方法标准
 GB/T 50805 城市防洪工程设计规范
 DZ/T 0190 区域环境地质勘查遥感技术规定
 DZ/T 0220 泥石流灾害防治工程勘查规范
 DZ/T 0261 滑坡崩塌泥石流灾害调查规范(1∶50 000)
 DL/T 5010 水利水电工程物探规程
 DL/T 5152 水工混凝土水质分析试验规程
 JTG C20 公路工程地质勘察规范
 JGJ 94 建筑桩基技术规范
 JGJ 79 建筑地基处理技术规范
 JCJ/T 87 建筑工程地质勘探与取样技术规程
 SL 44 水利水电工程设计洪水计算规范
 YS 5214 注水试验规程

3 术语和定义

下列术语和定义适用于本标准。

3.1
泥石流 debris flow

山区沟谷或坡面在降雨、融冰、溃决等自然或人为因素作用下发生的一种挟带大量泥砂、石块或巨砾等固体物质的特殊洪流。

3.2
泥石流灾害 debris flow hazard

对人类生命财产或生存环境已经造成危害或损失的泥石流活动过程。

3.3
潜在泥石流沟 potential debris valley

经调查无近期泥石流活动史，但具备形成泥石流条件（主要是物源条件），且一旦发生泥石流可能造成人类生命财产损失或生存环境破坏的沟谷。

3.4
泥石流勘查 debris flow investigation

采用调查测绘、勘探试验等合适的技术方法，查明泥石流的形成条件、活动特征，评价泥石流的危险区及危害性，提供防治工程设计所需地质参数及图件资料的工作过程。

3.5
泥石流灾害防治工程 prevention project for debris flow disaster

采取恰当的工程措施消除泥石流的形成条件，控制泥石流的规模，约束或引导泥石流的路径，使泥石流活动不再对受威胁的区域造成危害的人类工程活动。

3.6
泥石流监测 debris flow monitoring

采用人工测量、仪器观测等技术方法，对泥石流活动过程的相关参数进行现场观测，查明泥石流的活动特征，为泥石流勘查设计、防灾预警和防治工程效果评价提供直接证据资料的工作过程。

4 基本规定

4.1 勘查目的和任务

查明泥石流发育的地质环境、形成条件，泥石流的基本特征和危害，为泥石流防治方案的选择和防治工程设计提供基础资料。

4.2 勘查阶段划分

泥石流防治工程勘查阶段分为初步勘查、详细勘查、补充勘查。在条件简单或应急抢险治理时，可合并相关阶段进行勘查。

4.2.1 初步勘查

初步查明泥石流的形成条件、基本特征和危害。提出两个或两个以上防治工程方案，并针对所提方案拟建工程区进行工程地质条件初步勘查，精度应满足可行性研究工作需要。

4.2.2 详细勘查

在初步勘查成果基础上，针对可行性研究阶段确定的治理方案，详细查明泥石流形成、流通和堆积区地质条件、物质特征及拟建工程区工程地质条件及岩土物理力学参数,精度应满足初步设计工作需要。

4.2.3 补充勘查

在详细勘查成果的基础上,进一步查明拟建工程区岩土工程地质特征及施工条件,精度应满足施工图设计工作需要。

在施工过程中因地质环境条件和施工条件发生变化,且不能满足设计要求时,应进行补充勘查,精度应满足施工图设计变更需要。

因极端暴雨等特殊情况,造成沟道地形、物源等条件发生重大变化,待实施的治理方案需要进行重大调整时,应进行补充勘查,勘查工作量可参照初步勘查和详细勘查工作要求合并执行。

5 泥石流类型划分及危害性分级

5.1 泥石流类型划分

5.1.1 按水源成因分为暴雨型、冰川型和溃决型泥石流;按物源特征分为坡面侵蚀型、崩滑型、沟床冲刷型、冰碛型和弃渣型泥石流等(附录A表A.1)。

5.1.2 按集水区流域形态可分为沟谷型和坡面型泥石流(附录A表A.2)。

5.1.3 按暴发频率可分为极低频、低频、中频和高频泥石流(附录A表A.3)。

5.1.4 按泥石流物质组成可分为泥流型、泥石型和水石(沙)型泥石流(附录A表A.4)。

5.1.5 按流体性质可分为黏性泥石流和稀性泥石流。(附录A表A.5)。

5.1.6 按发育阶段可分为形成期泥石流、发展期泥石流、衰退期泥石流和停歇期泥石流(附录B)。

5.2 泥石流规模分级

5.2.1 按泥石流暴发一次冲出固体物质量或泥石流峰值流量可分为特大型、大型、中型和小型4个等级(表1)。

表1 按泥石流一次冲出固体物质量或峰值流量分级表

分级指标	规模等级			
	特大型	大型	中型	小型
一次冲出固体物质量/($\times 10^4$ m³)	≥50	20~<50	2~<20	<2
峰值流量/(m³/s)	≥200	100~<200	20~<100	<20
注:"一次冲出固体物质量"和"峰值流量"不在同级时,按就高原则确定规模等级。				

5.2.2 按已发生泥石流灾害一次造成的死亡人数或直接经济损失,泥石流规模可分为特大型、大型、中型和小型4个等级(表2)。

5.2.3 对潜在的泥石流,根据受威胁人数或可能造成的直接经济损失,可分为特大型、大型、中型和小型4个等级(表3)。

表 2 按已发生泥石流一次造成的死亡人数或财产损失分级表

分级指标	规模等级			
	特大型	大型	中型	小型
死亡人数/人	≥30	10～29	3～9	<3
财产损失/万元	≥1 000	500～<1 000	100～<500	<100
注："死亡人数"和"财产损失"不在同级时,按就高原则确定规模等级。				

表 3 按潜在泥石流威胁人数或威胁财产分级表

分级指标	规模等级			
	特大型	大型	中型	小型
威胁人数/人	≥1 000	500～<1 000	100～<500	<100
威胁财产/万元	≥10 000	5 000～<10 000	1 000～<5 000	<1 000
注："威胁人数"和"威胁财产"不在同级时,按就高原则确定规模等级。				

6 泥石流治理工程勘查

6.1 初步勘查

6.1.1 基本规定

在全流域遥感解译的基础上开展工程地质测绘,对重点物源区、拟设治理工程区开展大比例尺工程地质测绘及工程地质勘探。

6.1.2 遥感解译

从卫星影像和航空相片解译泥石流的区域性宏观分布、形成条件、活动特征和危害范围等;有条件可用不同时相的影像图解译,对比泥石流发展过程、演化趋势;编制遥感图象解译图,比例尺宜为1∶50 000～1∶10 000;需采用无人机航空摄像进行遥感解译时,无人机航空摄像比例尺宜为1∶10 000～1∶2 000。

6.1.3 地形测量

6.1.3.1 全沟域调查用图宜收集已有地形图,必要时进行修测。

6.1.3.2 针对拟建工程区和重点物源区应开展大比例尺测图。

6.1.3.3 地形图测图平面控制网的建立,可采用卫星定位测量、导线测量、三角形网测量、水准测量等方法。

6.1.3.4 坐标网宜采用国家坐标网和高程系,当泥石流治理与城镇、重大工程建设有关时,应采用相同坐标系统和高程系,特殊情况时可采用独立坐标系统和假设高程系。

6.1.3.5 泥石流沟全域及重点区地形测量比例尺按表4确定。

6.1.4 工程地质测绘

6.1.4.1 调查与泥石流有关的地形地貌、地层岩性、地质构造、土壤植被及人类工程活动等沟域地质环境背景条件。

表4 地形测量比例尺精度要求

地形类型	泥石流沟全域	泥石流沟重点区（物源点、沟道段、堆积扇）	拟设工程区		
			拦砂坝库区	谷坊坝库区	排导槽沿线
比例尺	1∶50 000~1∶2 000	1∶2 000~1∶500	1∶500~1∶100	1∶200~1∶50	1∶1 000~1∶100
注：比例尺精度选取可根据流域面积大小及地质环境复杂程度确定。					

6.1.4.2 物源调查

6.1.4.2.1 对全沟域物源开展调查和测绘，查明其分布范围、数量、规模。分区评价物源堆积体的稳定性和启动模式。

6.1.4.2.2 对泥石流形成贡献较大的重点物源应开展大比例尺的平面、剖面测绘，并有勘探工作控制，测绘剖面与勘探线布置应一致。

6.1.4.2.3 各类物源静储量及动储量计算方法参照附录C。

6.1.4.3 沟道条件调查

重点调查测绘沟道的纵坡、卡口、跌水、弯道、集中揭底和主支沟交汇等微地貌特征及其对泥石流运动的影响，泥石流历史淹没区范围、沟道冲淤特征、桥涵过流断面、主河输沙能力等。宜采用纵、横剖面测绘辅以适当勘探工作控制。

6.1.4.4 水源条件调查

6.1.4.4.1 降雨调查

主要收集沟域及临近的雨量站建站以来的雨量观测资料，以及区域其他雨量站历史观测资料，特别对已发生泥石流期间的降雨资料应加强访问和收集，必要时可设置自动雨量站进行观测；雨量站资料重点是1 h、6 h的降雨和历史最大降雨资料的收集。根据暴雨强度指标 R 综合判别泥石流发育程度，见附录D。同时，应收集区域内历年的气象资料。

6.1.4.4.2 地表水调查

对沟域内的溪沟、水库、山坪塘、堰塞湖、冰湖、冰川以及引、调水工程等开展调查测绘，主要查明水体的分布、蓄水量、流量及动态变化，并评价水体参与泥石流活动的可能性。高海拔沟域应调查雪线以上和雪线以下降水类型及其产流量转化关系。

6.1.4.4.3 地下水调查

重点对沟域内地下水溢出带进行调查，分析其对斜坡松散堆积物稳定性的影响，对大泉、暗河的流量进行观测。对岩溶发育的沟道及松散堆积层较厚的沟道堆积区，应调查洪水、泥石流水体沿沟向地下渗漏情况，包括渗漏地段及渗漏量、渗透系数等。

6.1.4.5 拟建工程治理区

6.1.4.5.1 对拟设拦固工程（拦砂坝、谷坊坝等）区工程地质条件进行测绘，划分岩土体类型并描述其工程地质特性，至少布设一纵一横实测剖面，拦砂坝应有钻孔控制。

6.1.4.5.2 排停工程（防护堤、排导槽、停淤堤）区工程地质条件进行测绘，划分岩土体类型并描述其工程地质特性，至少布设一条纵剖面，进口、出口、弯道、桥涵等关键节点应实测横剖面，并有钻孔或探井、探槽控制。

6.1.4.6 施工条件

6.1.4.6.1 调查沟域内交通路网现状，评价施工可利用程度，提出施工临时道路布设、索道线路和塔基位置建议。

6.1.4.6.2 选择施工场地、工地临时建筑布设位置，并对选址区的地质环境条件进行调查。

6.1.4.6.3 调查沟域及临近的水源，评价其水量水质及利用条件，提出生产生活用水建议。

6.1.4.6.4 调查沟域及周边电网情况，提出施工用电下线点位置、线路布设等用电方案建议。

6.1.4.6.5 调查沟域内的天然建筑材料，评价其分布、质量、储量及开采利用条件；如不能满足需求时，应对临近的料场进行调查。

6.1.4.6.6 对拟设工程区的沟道水文条件进行调查，提出施工排水和导流措施建议。

6.1.4.6.7 对施工可能产生的弃渣，应选择弃渣场并对其地形地质条件进行调查，提出弃渣堆放处置建议。

6.1.4.6.8 施工条件测绘内容和精度应在工程地质测绘图上同精度表达。

6.1.5 泥石流活动调查

6.1.5.1 泥石流过流特征调查

6.1.5.1.1 历次泥石流活动时间、激发雨强、爆发频率、过流特征、一次冲出量、冲刷及淤积区，对应的危险区范围。调查表见附录E。

6.1.5.1.2 物源区重点调查历次泥石流物源启动部位、方式、规模，流通区重点调查堵溃点（段）及堵塞方式，堆积区重点调查冲刷淤积及大河堵塞情况。

6.1.5.1.3 泥痕调查：选择支沟汇入主沟、主沟汇入主河、拟设工程入口部位等代表性沟道断面，尽量选择弯道段沟道，测量两岸泥痕液面高度、弯道曲率半径、沟道宽度及纵坡值，用以计算流速、流量。

6.1.5.1.4 沟道堆积物粒度调查：沿主沟、支沟径流方向沿途全面调查和分段采样，应进行全粒度试验分析和堆积物颗粒岩性鉴别，尤其是对拟设格栅坝、缝隙坝、梳齿坝等工程上游库区粗大颗粒的分布、来源、块度、占比等进行详细调查。

6.1.5.1.5 堆积扇区调查：调查扇形地大小，堆积扇与主河的关系，堆积扇面冲淤变幅，扇区堆积物颗粒大小。

6.1.5.2 泥石流灾情险情调查

6.1.5.2.1 调查统计历次泥石流造成的人员伤亡及财产损失情况，包括人口户数、房屋、耕林地、桥梁、电站、道路、通讯等设施及财产。调查表见附录E。

6.1.5.2.2 测绘已发生泥石流实际淹没和淤埋范围，预测泥石流危险区范围，方法可参考附录F。

6.1.5.3 既有防治工程调查

6.1.5.3.1 调查沟域内已有工程类型、分布位置、建设单位、建设时间，收集勘查、设计、评价等相关资料。

6.1.5.3.2 调查已有防治工程的防灾减灾效果，对受损工程应查明损坏情况及原因，评价已有工程可利用性。

6.1.5.3.3 对可利用的工程应调查其结构、尺寸、地基基础等情况，评价和提出修复、加固、加高等的可行性建议。

6.1.6 勘探

6.1.6.1 一般规定

6.1.6.1.1 勘探工作有钻探、探井、探槽、物探等勘探方法，用于查明泥石流主要物源特征及拟设治理工程部位工程地质条件。

6.1.6.1.2 勘探线布置原则：重点物源可布置1条纵向勘探线，拟设拦砂坝、谷坊坝等应布置一纵一横两条勘探线，排导槽及防护堤沿中轴线布置1条勘探线，拟建或需改造的既有构筑物可布置一条横向勘探线。

6.1.6.1.3 勘探点布置原则：重点物源勘探宜采用探井、探槽，一条勘探线应不少于2个勘探点；拦砂坝、格栅坝宜采用钻探、探井，1条勘探线应有1～2个勘探点；拟设高坝（高度 $H \geq 10$ m）应至少有1个钻孔控制；谷坊坝宜采用探槽、探井，1条勘探线应有1～2个勘探点；排导槽及防护堤宜采用探槽、探井，勘探点间距宜为50 m～100 m，并不少于2个。

6.1.6.1.4 勘探深度控制原则：重点物源区勘探深度应控制在潜在滑移面以下2 m～3 m，拟建工程区勘探深度应根据具体条件满足稳定性验算及符合地基变形计算深度，拦砂坝勘探深度根据实际条件不小于拟设坝高的1.5倍。

6.1.6.2 钻探

6.1.6.2.1 钻探应编制单孔结构设计书，对水文地质钻孔结构尚应满足水文试验要求。

6.1.6.2.2 对松散堆积层宜采用植物胶护壁跟管钻进，岩芯采取率不低于85%，并应满足取样试验要求。

6.1.6.2.3 对有地下水的钻孔均应进行提下钻、冲洗液漏失等简易水文地质观测和记录，一般钻孔终孔后应进行简易抽水试验，对拦砂坝需进行渗透变形评价的钻孔尚应进行抽（注、压）水试验，采取水样。

6.1.6.2.4 对需要确定承载力的坝基，钻孔应配合进行现场动力触探试验。

6.1.6.2.5 必要时坝肩可采用水平孔或斜孔进行勘探。

6.1.6.2.6 泥石流勘查钻探编录表格式见附录G。

6.1.6.3 探井、探槽、平硐

6.1.6.3.1 探井、探槽位置确定后，应编制设计书以指导施工，内容包括：目的、类型、深度、结构、支护方式、施工流程、地质要求、封井要求。

6.1.6.3.2 揭露堆积物分层结构、土体特征、透水性、地下水位、软弱面位置及性状特征，采取土样，进行现场渗水试验、全粒度分析等。

6.1.6.3.3 探井宜采用小圆井，也可采用矩形，深度不宜大于5 m，不宜超过地下水位；对土层松散、有地下水渗水的应采取护壁措施，渗水较多时，应有排水措施。

6.1.6.3.4 探槽应沿充分揭露地质现象方向布置，深度宜小于2 m，长度宜小于5 m。

6.1.6.3.5 拟建大型拦砂坝工程的坝肩地质情况复杂时，可布置平硐揭露地质条件，兼顾利用洞室进行采样、抗滑、渗透等试验。

6.1.6.3.6 泥石流勘查探井、探槽编录表格式见附录G。

6.1.6.4 工程物探

主要布置于难以采用钻探的泥石流物源区和堆积区，宜采用高密度电法、地质雷达、浅层地震、瑞雷利面波法等方法，主要查明堆积体的分层结构、厚度、基覆界面情况，应提交工程物探专项报告。

6.1.7 试验

6.1.7.1 现场试验

6.1.7.1.1 流体重度试验：泥石流流体重度可根据泥石流体样品采用称重法测定，也可根据目击者描述进行配制，采用体积比法测定。

6.1.7.1.2 现场颗分试验：对粒径大于20 mm的物质进行现场颗分试验，小于20 mm的取样样品

进行室内筛分试验。

6.1.7.1.3 试验方法参照附录H。

6.1.7.2 室内试验

6.1.7.2.1 土样测试指标:土体重度、天然含水量、界限含水量、天然孔隙比、固体颗粒比重、颗粒级配、腐蚀性、渗透系数、压缩系数等。

6.1.7.2.2 岩样测试指标:天然及饱和状态的单轴抗压强度、抗剪强度,软化系数等。

6.1.7.2.3 水样测试指标:简分析及侵蚀性。

6.1.7.2.4 室内试验按照《土工试验方法标准》(GB/T 50123)执行。

6.1.8 相关参数确定方法

6.1.8.1 降水及洪水参数

6.1.8.1.1 降水参数:收集泥石流沟所在区域多年平均降雨量、最大年降雨量、最大日降水量、小时降雨量等不同频率降雨强度。

6.1.8.1.2 暴雨洪水:泥石流小流域一般无实测洪水资料,可根据较长的实测暴雨资料推求某一频率的设计洪峰流量。对缺乏实测暴雨资料的流域,可采用理论公式和该地区的经验公式计算不同频率的洪峰流量。有关计算公式参考各省《中小流域暴雨洪水计算手册》。

6.1.8.1.3 冰雪消融洪水:冰雪消融洪水可根据径流量与气温、冰雪面积的经验公式来计算;在高寒山区,一般流域均缺乏气温等资料,常采用形态调查法来测定;下游有水文观测资料的流域,可用类比法或流量分割法来确定。

6.1.8.2 泥石流运动特征参数

6.1.8.2.1 重度:可使用两种方法确定泥石流重度,一是根据现场配浆实验来确定;二是查表法确定,根据附录E填写泥石流调查表和按附录I进行易发程度评分,并根据评分结果按表I.2查表确定泥石流重度和泥沙修正系数。

6.1.8.2.2 流速:可现场实测,也可采用经验公式进行计算(附录J)。

6.1.8.2.3 流量:可采用形态调查法或雨洪法确定(附录J),两种方法应相互验证,堵溃型泥石流计算方法见附录K。

6.1.8.2.4 冲击力:包括泥石流整体冲击力和大块石冲击力,可采用经验公式计算(附录J)。

6.1.8.2.5 弯道超高与冲高:泥石流流动在弯曲沟道外侧产生的超高值和泥石流正面遇阻的冲起高度,采用经验公式计算(附录J)。

6.1.8.2.6 一次冲出量:包括一次泥石流过程水沙总量及一次泥石流固体物质冲出量,采用经验公式计算(附录J)。

6.1.8.3 拟建工程地基岩土参数

6.1.8.3.1 对拦砂坝、排导槽、停淤围堤、防护堤等工程地基岩土,进行相应的岩土试验,主要提供分层地基土的基底摩擦系数、承载力特征值、桩周侧摩阻力标准值和桩底端阻力标准值等,参照《岩土工程勘查规范》(GB 50021)确定。

6.1.8.3.2 针对坝较高、坝基为较厚松散堆积层且渗透变形较强烈的坝址区应进行现场水文地质试验,确定渗透系数,参照《水利水电工程地质勘察规范》(GB 50487)确定。

6.1.9 勘查监测

勘查期间宜开展雨量、水位、物源启动、沟道冲淤变化等简易监测,进行泥石流防灾预警预报。

出现泥石流临灾征兆时,应及时报告有关部门进行预警,保障勘查作业人员的安全,并为下阶段勘查工作提供基础资料。

6.1.10 基本工作量

6.1.10.1 遥感调查、地形测量、工程地质测绘等基本工作量按流域面积 10 km² 计,具体工作布置应按照泥石流沟实际流域面积折算,并结合沟域具体情况及规范中勘查的基本要求确定。

6.1.10.2 钻探的基本工作量按照 1 个拟设拦砂坝、1 处重点物源进行折算,探井、槽探基本工作量按 1 个拟建谷坊坝、1 处重点物源、100 m 长排导槽(堤)折算,动力触探、渗透试验基本工作量按照 1 个拟建拦砂坝进行折算。

6.1.10.3 室内试验基本工作量按照泥石流沟域计算,本阶段基本工作量规定见附录 L。

6.2 详细勘查

6.2.1 基本规定

在初步勘查的基础上,对需进行治理的重点物源进行加密勘查,结合推荐治理方案进一步开展拟设工程治理区的工程地质测绘与工程地质勘探。

6.2.2 地形测量

拟建工程区应开展大比例尺测图,拦砂坝测量比例尺 1:500～1:200,上游包含库区、下游坝址至护坦(副坝)下游 50 m 范围,以及两岸至回淤线以上 20 m～50 m;拟建谷坊坝测量比例尺 1:200～1:50,上游包含库区、坝址下游 30 m 范围,以及两岸至回淤线以上 20 m;拟建排导槽、防护堤、围堤等测量比例尺 1:1 000～1:100,上游、下游至进出口各外扩 20 m,两侧各外扩 20 m～50 m,并包含保护对象分布区。

6.2.3 工程地质测绘

6.2.3.1 物源调查测绘

对重点物源应加密开展大比例尺剖面测绘工作,进一步核实物源静储量及动储量。各类物源静储量及动储量计算方法参照附录 C。

6.2.3.2 拟建工程区

6.2.3.2.1 对拟设拦固工程(拦砂坝、谷坊坝等)区工程地质条件进行测绘,划分岩土体类型并描述其工程地质特性,增加非溢流段纵向工程地质剖面测绘 2～4 条,溢流坝段可增加 1～2 条,增加副坝或护坦实测剖面。

6.2.3.2.2 对排停工程(防护堤、排导槽、停淤堤)区工程地质条件进行测绘,划分岩土体类型并描述其工程地质特性,加密沟道陡缓、宽窄、地形变化段及桥涵、临近民房、进出口段工程地质剖面测绘,其他段应控制在 20 m～50 m 布置一条工程地质剖面。

6.2.3.3 施工条件

调查工程永久和临时征地范围、面积、地类及附着物、林木果树,民房、坟墓等构建筑物动迁,以及施工便道走线及对周边的影响;查明施工弃渣场工程地质条件;对施工营地及临时工棚区进行地质灾害危险性评估。

6.2.4 勘探

6.2.4.1 在初勘工作的基础上加密勘探线及勘探点的数量,进一步查明拟设治理工程部位的工程地质条件。

6.2.4.2 勘探线布置原则:拟设拦砂坝(包括格栅坝、缝隙坝、梳齿坝)应加密布置纵向勘探线,其中非溢流坝段2～4条,溢流坝段可增加1～2条;排导槽左、右防护堤的轴线应布置2条纵向勘探线;加密沟道陡缓、宽窄、地形变化段横向勘探线;需要采取固源措施的重点物源加密纵向勘探线1～2条;勘探线与增加的测绘剖面线一致。

6.2.4.3 勘探点布置原则:拦砂坝、格栅坝宜采用钻探、探井,1条勘探线应有2～3个勘探点;拟设高坝(高度$H \geqslant 10$ m)应有2个以上钻孔控制;排导槽及防护堤宜采用探槽、探井,勘探点间距宜为20 m～50 m,并不少于2个;拟治理物源在拟设工程部位应不少于2个勘探点。

6.2.5 试验

6.2.5.1 现场试验

6.2.5.1.1 现场颗分试验:在初勘基础上,针对拟设格栅坝段增加大颗粒现场颗分试验。试验方法参照附录H。

6.2.5.1.2 黏度和静切力试验:用泥石流浆体或人工配制的泥浆样品模拟泥石流浆体,其黏度可采用标准漏斗1006型黏度计或同轴圆心旋转式黏度计测定;其静切力可采用1007型静切力计量测。试验方法参照附录H。

6.2.5.1.3 承载力试验:采用圆锥动力触探试验,可分为轻型、重型和超重型3种,其试验方法和适用条件按照《岩土工程勘察规范》(GB 50021)执行。

6.2.5.1.4 水文地质试验:主要有抽水试验、注水试验、压水试验、渗水试验等,其试验方法和适用条件按照《水利水电工程地质勘察规范》(GB 50487)执行。

6.2.5.2 室内试验

结合新增勘探工作区,增加土样、岩样和水样试验。

6.2.6 相关参数复核

本阶段充分利用初勘阶段取得的成果资料,校核泥石流的相关参数,重点复核拟建工程断面泥石流运动特征参数、地基岩土参数、渗透变形参数。

6.2.7 基本工作量

详勘在初勘的基础上开展,其工作量是在初勘的基础上进行补充。基本工作量规定见附录L。

6.3 补充勘查

6.3.1 基本规定

主要针对地质条件发生变化的沟域及拟建工程区,采用地形测量、工程地质测绘、勘探等方法补充查明地质条件发生变化区域的工程地质条件。

6.3.2 地形测量

6.3.2.1 针对施工图设计的需要,对拦砂坝、防护堤、排导槽、施工便道等进行定位放线测量。

6.3.2.2 建立拦砂坝、防护堤、排导槽等拟建工程轴线的测量定位标志。

6.3.2.3 对地形条件发生变化的沟域及拟建工程区进行地形测量,测量精度应满足施工图设计调整的需要。

6.3.3 工程地质测绘

6.3.3.1 因降雨或泥石流影响,沟道等地形条件和物源条件发生重大变化时,应开展补充工程地质测绘工作,测绘精度应满足施工图设计调整的需要。

6.3.3.2 应充分收集施工过程中基槽开挖、桩基开挖等的地质编录资料,编制与原地质报告相应的对比变化图,为施工图设计调整提供依据。

6.3.4 勘探

在详勘工作的基础上,对地质条件发生变化的拟建工程部位补充有针对性的勘探工作,并提交补充工程地质勘查报告。

7 勘查工作方法

7.1 资料收集

7.1.1 收集流域内地形地质图件,包括各种比例尺地形图、区域地质图、构造纲要图、遥感影像图、地震动参数图等。

7.1.2 收集社会经济发展及相关规划,包括县志、土地规划、地质灾害防治规划、社会经济发展规划等。

7.1.3 收集气象水文资料,包括区域内及邻近气象站历年气象资料,主要包括历次暴雨的 24 h、6 h、1 h、10 min 雨强资料,泥石流沟及主河段历次洪水水文资料。

7.1.4 收集泥石流调查评价及沟域内既有工程的相关资料,包括勘查、设计、竣工、监测等的报告、图件、影像等。

7.2 遥感解译

7.2.1 全沟域采用中、高分辨率卫星、航空遥感等信息源,精度达到 1∶25 000～1∶10 000;必要时应采用无人机航拍影像信息源,精度达到 1∶5 000～1∶2 000;在满足要求的情况下,优选我国免费提供的对地观测卫星所拍摄的高分辨率影像。

7.2.2 卫星遥感解译宜采用最新的影像资料结合泥石流发生前后的特征变化进行对照解译。

7.2.3 解译内容主要针对沟域内物源全面解译,重点是崩塌、滑坡堆积物,堰塞湖,矿山、公路、电站等工程弃渣的分布范围、类型、数量。此外,尚需对跌水、卡口、冲淤、弯道、堆积扇等沟道条件,植被覆盖情况,村镇及道路分布等进行解译。

7.2.4 通过野外实地踏勘,建立物源、沟道、植被覆盖等的遥感解译标志,解译成果指导开展工程地质测绘并结合进行验证。

7.2.5 解译成果按流域范围成图,精度要求与工程地质测绘比例尺一致,并提交专项遥感解译报告。

7.2.6 遥感解译要求按照《区域地质调查中遥感技术规定》(DD 2011—04)执行。

7.3 地形测量与工程地质测绘

7.3.1 全沟域进行地形测量与工程地质测绘采用连测法,两者范围和精度一致,地形测量按照《工程测量规范》(GB 50026)执行。

7.3.2 地质测绘应与勘探、试验工作配合实施,有序开展。

7.3.3 全沟域地形测量以收集为主,在无同精度地形图时,以修测为主。沟域面积小于等于 5 km²,测图比例尺宜采用 1∶5 000～1∶2 000;沟域面积大于 5 km² 小于等于 30 km²,测图比例尺宜采用 1∶10 000～1∶5 000;测图沟域面积大于 30 km²,比例尺宜采用 1∶25 000～1∶10 000;重点物源与堆积扇区,比例尺宜采用 1∶2 000～1∶500;拟设工程部位,比例尺宜采用 1∶1 000～1∶50。

7.3.4 全沟域的工程地质测绘宜在遥感解译成果的基础上开展,物源区应重点查明物源类型、分布、规模和启动方式,沟道区应重点查明沟道纵坡、堵点、跌水、卡口、弯道、冲淤段、桥涵等的分布及它们对泥石流运动的影响;堆积扇区应重点调查沟道的排泄能力、与主河的关系及主河的输沙能力,泥石流冲淤及危险区范围、威胁对象及财产。

7.3.5 沟域内重点物源、典型沟道段、拟建工程位置和既有工程体应开展工程地质剖面测绘,重点物源区比例尺宜采用 1∶2 000～1∶200;沟道区纵向剖面比例尺宜采用 1∶1 000～1∶500,横向剖面比例尺宜采用 1∶500～1∶100;堆积扇区比例尺宜采用 1∶1 000～1∶200。

7.3.6 各类物源的静储量和动储量的确定按附录C计算。

7.3.7 调查流域内泥石流的活动历史及危害,对近期泥石流物源启动位置、泥痕、淤积漫流范围,受灾房屋、公路、桥梁、农田等应进行测绘并统计泥石流造成的人员伤亡和财产损失情况。

7.3.8 调查既有工程分布位置、类型、结构、运行效果及地基条件等,对有继续利用价值的工程宜开展纵、横剖面工程地质测绘。

7.3.9 拟建拦砂坝区重点调查测绘两侧坝肩覆盖层土类及厚度,基岩类型、埋深、风化带厚度及卸荷裂隙带宽度,坝基覆盖层土类及分层厚度,地下水埋深及透水性,基覆面埋深及岩性;排导槽及防护堤重点调查测绘沿线地基岩土类型、可利用持力层、地下水位等。

7.3.10 施工条件应调查测绘施工征地、临时道路、天然建筑材料、房屋、坟墓等拆迁对象、水电供应、弃土场等的位置、范围及价值,应测绘在全流域工程地质图上。对天然建筑材料还应查明储量、质量、开采条件和运输条件,对弃土场还应查明堆放场地的稳定性,评估产生二次灾害的可能性及对环境的危害等;对天然建筑材料场和弃土场不在沟域内可补充单项工程地质测绘图。

7.3.11 拟建工程区应收集、访问、调查地下管线(通讯、电力、给排水等)、构筑物和其他埋设物的分布、类型、属性、权属、埋深等,提供地下设施信息图表。

7.3.12 工程地质测绘控制点包含地层岩性点、构造点(断层、褶皱、节理裂隙)、水文点(井泉点、水库、山坪塘、堰塞湖、渠道、水田)、人类工程活动点(矿山、尾矿库、工业废料场、垃圾场、公路、电站、通讯线路、桥涵、居民点、农耕区)等的布置及数量按照《滑坡崩塌泥石流灾害调查规范(1∶50 000)》(DZ/T 0261)执行。

7.4 地质环境条件(工程地质)调查

7.4.1 一般规定

7.4.1.1 应对泥石流沟域地质环境条件进行调查,并做好沿途观察与描述。

7.4.1.2 调查内容包括地形地貌、地质构造、岩(土)体工程地质、地表水和地下水、环境因素及人类工程经济活动等,做好野外调查记录。

7.4.2 地形地貌

7.4.2.1 以资料收集为主,并结合遥感影像,确定工作区地貌单元的类型。

7.4.2.2 调查地形地貌特征,包括斜坡形态、类型、结构、坡度,以及悬崖、沟谷、河谷、河漫滩、阶地、沟谷口冲积扇等,微地貌组合特征、形成时代及其演化历史。

7.4.3 地质构造

7.4.3.1 以收集资料为主,并结合遥感解译,分析区域构造格架、新构造运动及地貌特征。

7.4.3.2 应收集区域断裂活动性、活动强度和特征,以及区域地震活动、地震加速度、地震烈度资料,分析区域新构造运动特征及影响。

7.4.3.3 核实调查主要活动断裂性质、方向、活动强度和特征及其地貌、地质证据,分析活动断裂与泥石流等地质灾害的分布及成生关系。

7.4.3.4 调查沟域内各种构造结构面、原生结构面和风化卸荷结构面的产状、形态、规模、性质、密度及其空间组合关系。

7.4.4 岩(土)体工程地质

7.4.4.1 收集调查沟域内地层层序、地质时代、成因类型、岩性特征和接触关系等基础地质资料。

7.4.4.2 调查工程岩组特征,包括岩体产状、结构和工程地质性质,划分工程岩组类型。

7.4.4.3 结合调查区斜坡结构特征,应对典型斜坡岩体结构和工程地质性质进行调查与测量,实测具有典型性的综合剖面。

7.4.4.4 调查岩体风化特征,包括风化层分布、风化带厚度及其与岩性、地形、地质构造、水、植被和人类活动的关系。

7.4.4.5 调查土体工程地质特征,包括土体分布、形成时代、成因类型、厚度,测试分析土体颗粒组分、拟建坝体工程区的渗透性。

7.4.5 人类工程经济活动

7.4.5.1 泥石流活动范围内人类生产、生活设施状况,特别是沟口、泥石流扇上居民点及工农业相关基础设施、泥石流沟槽挤占情况。

7.4.5.2 水土流失:主要调查植被破坏、毁林开荒、陡坡垦殖、过度放牧等造成的水土流失状况。

7.4.5.3 弃土弃碴:主要调查筑路弃土和工厂、矿业弃碴及其挡碴措施。

7.4.5.4 水利工程:对可能溃决形成泥石流的病险水库、输水线路的安全性、发生原因、发生条件、危害性和溃决条件应进行详细调查。

7.5 勘探

7.5.1 钻探

7.5.1.1 钻孔设计内容应包括钻孔柱状图,并标明孔径(开孔、终孔孔径)、换径位置及深度、固壁方法;推测地层分层界线、层位深度、岩性、可钻性分级、破碎带、岩溶、软夹层、可能的地下水位、含水层、隔水层和可能的漏水情况及钻进过程中针对上述情况应采取的准备。

7.5.1.2 钻探应采用回转取芯钻进工艺,在松散土体、碎石和卵漂石中宜采用单动双管、植物胶或泥浆护壁、无泵或小水量钻进等钻探;为保证采样试验的要求,钻孔终孔直径不应小于110 mm。

7.5.1.3 钻进工艺设计应包括钻进方法、固壁办法、冲洗液、孔斜、测斜、岩芯采取率、取样及试验要求、水文地质观测、钻孔止水办法、封孔要求、终孔后钻孔处理意见(长观、监测或封孔等)。

7.5.1.4 对于岩芯采取率,松散层及风化破碎岩石不应小于85%;完整岩石不应小于90%;岩层采样段回次采取率不应小于95%;土层采样段回次采取率应为100%;重点取芯地段(如破碎带、软夹层、断层等)应限制回次进尺,每次进尺不允许超过0.3 m,并提出专门的取芯和取样要求,地质员跟班取芯、取样。

7.5.1.5 钻探钻进中,应记录钻进中遇到的塌孔、卡钻、涌水、漏水及套管变形部位,并做好简易水文观测,包括初见水位,起、下钻水位,静止水位。

7.5.1.6 钻探施工时应按规定填制相关班报表,钻孔地质编录表应包括日期、班次、回次孔深(回次编号、起始孔深、回次进尺)、岩芯(长度、残留、采取率)、岩芯编号、分层孔深及分层采取率、地质描述、取样号码位置和长度、备注等。岩芯的地质描述应客观、详细,重视岩溶、裂缝、软夹层的描述和地质编录,编录中宜多用素描及照片辅助说明。岩芯照相要垂直向下照,除特殊部位特写镜头外,每岩芯箱照一张照片,有标注孔深、岩性的标牌。

7.5.1.7 需要留存的岩芯应装箱妥善保管,其余岩芯就地挖坑掩埋;钻孔验收后,对不需保留的钻孔必须进行封孔处理,土层一般用黏土封孔,岩层宜用水泥沙浆封孔。

7.5.1.8 需要配合开展动探的钻孔,按照《岩土工程勘察规范》(GB 50021)执行。

7.5.1.9 钻孔和动探应编制综合柱状成果图。

7.5.2 井探

7.5.2.1 小圆井直径宜大于1 m,矩形探井断面短边长宜大于1.5 m。

7.5.2.2 对松散不稳定和有地下水渗水的地层,探井井壁应采取支护措施,确保施工安全,支护方式可采用钢、木模板,现浇混凝土护壁等。

7.5.2.3 开挖方法宜采用人工开挖,人力或手摇绞车提升出土,吊桶或水泵排水。

7.5.2.4 开挖过程中,地质人员应根据开挖进度及时进行编录,采取岩、土、水样品等。

7.5.2.5 施工过程中,应对井口加盖保护,防止造成人员跌落。

7.5.2.6 圆井可编制圆井柱状图,矩形井应编制浅井四壁展示图。

7.5.2.7 确定无需保留的探井,应及时进行回填、恢复原地面。

7.5.3 槽探

7.5.3.1 探槽可采用人工开挖、机械开挖或人工开挖与机械开挖相结合的方法。

7.5.3.2 深度小于1 m的探槽,可采用矩形断面;深度大于1 m的探槽,宜采用倒梯形、阶梯形断面,底宽宜为0.6 m;两壁边坡坡率,视土(岩)体地质结构确定,两壁为含水率较高的土体时,边坡应适当放缓;探槽的长度、延伸方向,由勘查地质现象的需要确定。

7.5.3.3 开挖弃土堆放应妥善处置,避免造成危害,并用于探槽回填。

7.5.3.4 当地下水位埋深浅,探槽挖深较大,槽壁土体松散、稳定性差时,应对探槽壁进行支护,可采用支撑木或螺栓撑杆通过木板或钢板架进行支护。

7.5.3.5 开挖后及时进行地质编录,展示图应现场绘制,至少一壁一底,地质现象变化较大时,则须绘制两壁一底;比例尺宜为1∶100～1∶50;当覆盖层极薄,受深度限制难以显示出槽壁时,可只绘制槽底平面图。

7.5.3.6 样品应尽量在槽壁上采取,槽壁上不具备采取条件时,可在槽底采取。

7.6 工程物探

7.6.1 物探方法选择原则

应充分收集分析工作区已有区域地质、工程地质、水文地质、物探成果资料及水文、气象等相关资料。根据工作区地质环境、物探目的和探测对象的埋深、规模及其与周围介质的物性差异,选择相应技术方法,选择原则如下:被探测对象与周围介质之间有明显的物理性质差异,被探测对象具有一定的埋藏深度和规模,且地球物理异常有足够的强度;能抑制干扰,区分有用信号和干扰信号;在有代表性地段进行方法的有效性试验。

7.6.2 勘查设计书中应包括物探专项设计内容,依据有关物探规范编制。

7.6.3 物探剖面线应沿地质勘探剖面线布置,充分利用地质测绘成果和钻探、槽探成果来解译,提高其可靠性与准确性。

7.6.4 物探仪器的探测深度,应大于推测的覆盖层厚度、基覆面埋深、软夹层深度、地下水位埋深和钻孔孔深。

7.6.5 物探原始记录应准确、齐全、清晰,物探成果判释时,应考虑其多解性,区分有用信息与干扰信号,应有已知物探参数或一定数量的钻孔验证,并编制物探专项成果报告。

7.6.6 物探要求按照《水利水电工程物探规程》(DL/T 5010)执行。

7.7 试验

7.7.1 现场试验

7.7.1.1 钻孔抽水试验按《水利水电工程钻孔抽水试验规程》(DL/T 5213)的规定执行。

7.7.1.2 钻孔注水试验按《水利水电注水试验规程》(SL 345)的规定执行。

7.7.1.3 渗坑渗水试验按《注水试验规程》(YS 5214)的规定执行。

7.7.1.4 动力触探试验按《岩土工程勘察规范》(GB 50021)的规定执行。

7.7.1.5 泥石流流体重度、现场筛分试验按附录H的规定执行。

7.7.2 室内试验

7.7.2.1 取样具体操作方法应按《建筑工程地质勘探与取样技术规程》(JCJ/T 87)的规定执行。

7.7.2.2 土的常规试验按《土工试验方法标准》(GB/T 50123)的规定执行。

7.7.2.3 岩样试验按《工程岩体试验方法标准》(GB/T 50266)的规定执行。

7.7.2.4 水质分析取样、试验按《水工混凝土水质分析试验规程》(DL/T 5152)的规定执行。

7.7.2.5 泥石流流体的黏度和静切力测试应符合附录H的规定。

8 资料整理及成果编制

8.1 原始资料整理的基本要求

8.1.1 地形测量资料包括控制点和水准观测、计算手簿,控制点成果表,测量仪器检验记录、控制测量点记录、重要地形地貌照片,各种比例尺实测地形平面图、剖面图的纸质和电子图件、测量数据等。

8.1.2 工程地质测绘资料,包括物源、沟道、泥石流活动、拟建工程场地等工程地质调查点记录表、典型地质调查照片集、实测工程地质剖面、工程地质实际材料图等。

8.1.3 遥感资料包括影像源数据、遥感解译标志、实地验证调查记录表和各种比例尺遥感解译图等。

8.1.4 勘探资料主要是钻探班报表、钻孔地质编录、综合钻孔柱状图表和井探、槽探地质展开图。

8.1.5 物探资料主要是物探工作平面和剖面布置图、物探测试数据图表、物探解译推断地质剖面图、地质验证说明和物探解译报告。

8.1.6 试验资料包括动力触探记录表及综合成果图表,水文地质试验记录表及综合成果图表,现场与室内颗粒筛分试验记录表及综合成果图表,岩土水样取样及送样记录表,岩土水样检测报告等。

8.1.7 原始资料均应进行整理整饰,并检查、分析实测资料的完整性和准确性。重点检查实测图件的测绘范围、内容、比例尺、测量精度、图件整饰等是否完整、准确并符合测量规范和设计书要求,各类现场记录表内容是否与实际情况吻合,各类记录资料应有责任人检查签署。

8.1.8 原始资料使用的文字、术语、代号、符号、数字、计量单位等应符合国家有关标准的规定。

8.2 编制勘查设计书及成果报告的基本要求

8.2.1 勘查设计书的编制

8.2.1.1 勘查设计书应在现场踏勘的基础上编制。一般由地质、测量、设计等专业人员组成踏勘组,对泥石流沟进行野外踏勘,调查泥石流沟范围、主要物源区、泥石流活动和危害情况,初步确定拟治理工程位置。利用遥感图像、现场照片、GPS、地质罗盘、手持激光测距仪、皮尺等资料和工具,草测泥石流沟域工程地质平面图,以及主要沟道纵横剖面、典型物源及拟设工程段的地质断面图,收集编制设计书所需的地形、地质、水文、气象、工程及其他相关资料。

8.2.1.2 初步分析泥石流的形成原因。结合沟域物源类型、分布、数量、规模,启动转化方式,沟道条件(纵坡、卡口、堵点)和水源激发条件进行初步分析。

8.2.1.3 提出泥石流防治思路和方案设想。初步调查威胁对象(包括人员、财产、设施)的分布和数量,按照因害设防的总思路,提出泥石流防治方案设想及拟设工程的位置。

8.2.1.4 部署泥石流地质灾害和拟建防治工程的勘查工作。明确泥石流沟全域、重点物源区和各拟设工程区不同比例尺的测绘范围及测绘内容、测绘精度等,主要物源点、典型沟道段(卡口、堵点、跌水、峡谷和宽谷等)、拟设拦砂坝、排导槽等均应布置实测工程地质剖面并结合布置钻孔、动力触探、坑槽探、取样试验等工作。

8.2.1.5 编制勘查工作部署图件。主要有泥石流全域勘查工作部署图、主沟纵剖面图、拟设工程区勘查剖面布置图,以及钻孔、井探、槽探等设计图,图件编制内容层次清晰、重点突出,应能够指导开展勘查工作,图幅比例尺、图示图例、插图、插表、责任图签等应规范。

8.2.1.6 编制勘查工作经费预算。根据勘查区地质环境条件、选用的勘查技术方法及设计工作量,依据相关预算标准进行编制。

8.2.1.7 设计书编制提纲参照附录 M。

8.2.2 初步勘查报告的编制

8.2.2.1 简述勘查工作目的、任务、工作依据、技术标准及前人地质工作研究程度,评述勘查工作完成情况及质量等。

8.2.2.2 概述自然地理和地质环境条件。主要包括勘查区位置与对外交通,社会经济概况,气象、水文,地形地貌,地层岩性,地质构造与地震,水文地质条件,岩土体工程地质特征,植被,人类工程活动对地质环境的影响等。

8.2.2.3 阐述泥石流的形成条件。主要包括沟道和岸坡条件(卡口,堵点,跌水,峡谷与宽谷,弯道与直道,陡坡与缓坡,桥涵等),物源条件与启动模式(物源类型、分布、规模、数量、启动转化方式等),水源条件(降雨汇流区及地表径流条件,湖泊、水库泄洪、水塘、大泉、水渠、水田等对泥石流形成的补给),对泥石流沟进行分区(形成区、流通区和堆积区)。

8.2.2.4 阐述泥石流基本特征与成因机制。主要包括泥石流活动史及灾情,泥石流危险区范围及险情,泥石流冲淤特征,堆积物特征,流体性质,发生频率和规模,分析泥石流成因机制和引发因素等。

8.2.2.5 计算泥石流流体与运动特征参数。主要包括泥石流流通段和拟设工程段典型断面的泥石流流体重度(现场配浆法、查表法、综合取值),泥石流流量和流速(形态调查法、雨洪法、综合取值),一次泥石流过流总量,一次泥石流固体冲出物总量,泥石流整体冲压力与大石块冲击力,泥石流爬高和最大冲起高度,弯道超高等。

8.2.2.6 物源堵沟及溃决可能性专题分析。主要分析滑坡和崩塌堰塞体、冰湖堰塞坝和支沟泥石流堰塞体等堵沟物源点的基本特征,估算堵沟补给泥石流的方式及动储量,分析堵点发生堵溃的可能性及溃决流量、溃决泥石流的危险区范围等。分析泥石流挤压和堵塞主河的可能性(从主河水文特征、主河输砂能力、泥石流堵河流量、单次泥石流堵塞高度预测)。

8.2.2.7 预测泥石流危害和发展趋势。根据泥石流沟物源储量、形成泥石流的降雨等激发条件,评价产生泥石流的风险(泥石流易发程度分析、活动强度判别、危险性分析),预测再次发生泥石流的危险区范围,以及可能的危害对象与危害方式。

8.2.2.8 既有防治工程评价及泥石流防治方案建议。对泥石流沟既有工程的防治效果和可利用程度进行详细评价。遵循因害设防的总思路提出防治方案建议,对拟设防治工程部位提出地质岩土等设计所需参数建议。

8.2.2.9 论述防治工程区工程地质条件。分区、分段对拟设工程区的工程地质条件进行分述,主要是地基和岸坡岩土体类型、工程地质特性及岩土参数。简述工程区交通、水电、天然建筑材料等施工条件,工程永久占地和临时占地区的土地类型、征地难易程度等。

8.2.2.10 勘查报告编制提纲参照附录N。

8.2.3 详细勘查报告的编制

8.2.3.1 简述详查任务由来,勘查目的与任务,勘查依据与技术标准,初步勘查成果,详查工作概况及工作质量评述等。

8.2.3.2 以初步勘查成果为基础,补充阐述泥石流沟域地质环境条件。

8.2.3.3 依据详查补充资料,复核泥石流基本特征与运动特征参数,专题论述滑坡、崩塌堆积体堵沟可能性和堰塞湖、冰湖溃决可能性等。

8.2.3.4 专题论述工程区工程地质条件。如拦砂坝坝基、坝肩稳定性和坝下、坝肩渗漏变形的工程地质条件,格栅坝区沟道堆积物粒度级配特征,排导槽区沟道淤积及冲刷特征等。提出防治工程设计所需泥石流特征参数和岩土参数建议。

8.2.3.5 补充论述工程施工条件。如施工道路选线、弃渣场选址、工程占地征地、天然建筑材料勘查等。

8.2.3.6 详细勘查报告的编制提纲参照附录N。

8.2.4 补充勘查报告的编制

8.2.4.1 参照附录N简化,重点是根据补充勘查目的和所取得的补勘资料,针对性论述说明。

8.3 图件编制的基本要求

8.3.1 图件类型

8.3.1.1 各勘查阶段的基本图件包括:泥石流沟勘查工作布置图、泥石流沟全域工程地质平面图、泥石流防治工程方案建议图、拟设治理工程区工程地质平面图、重要物源点工程地质平面图等;主沟道和支沟道工程地质纵剖面图、重要物源点工程地质剖面、重要节点沟道工程地质剖面图、拟设治理工程区工程地质剖面图等。

8.3.2 图件内容

8.3.2.1 泥石流沟勘查工作布置图。平面布置图比例尺一般为1∶25 000～1∶2 000,剖面布置图比例尺一般为1∶1 000～1∶200。主要表达泥石流沟地质环境条件、泥石流沟分区、泥石流活动特征、泥石流危险区及威胁对象、拟设工程部位和不同比例尺测绘区范围、勘探剖面线和钻孔、槽探、井探布置,可以附勘查设计工作量表。

8.3.2.2 泥石流沟全域工程地质平面图。比例尺宜为1∶25 000～1∶2 000,编图范围包括泥石流沟全域和泥石流灾害影响区。主要分两个层次表达:一是泥石流的形成条件和危害,重点突出泥石流物源分布与启动方式,沟道堵点与冲淤特征,泥石流危险区范围与危害对象等;二是勘查工作手段,如实测剖面线、勘探点、试验点。可以插入泥石流沟域及分区说明表、物源量分类统计表、典型断面泥石流运动特征参数表、勘查工作量对照表,必要时可增加沟域或区域降雨等值线等镶图。

8.3.2.3 泥石流防治工程方案建议图。在泥石流沟全域工程地质平面图的基础上简化,重点表达泥石流防治工程方案布置,包括工程类型、位置、建筑物主要尺寸,附方案工程说明表。

8.3.2.4 泥石流沟道工程地质纵剖面图。比例尺可与平面图比例尺相同或更大一级,纵横比例应一致。重点反映主沟各沟段及支沟的纵坡、跌水、陡坎、陡缓变化及堵点地质特征、沟道堆积层地质特征、沟道冲淤特征、与主河关系,以及既有桥涵、拟设工程、勘探钻孔等。

8.3.2.5 沟道重要节点工程地质横剖面图。重要节点包括卡口、堵点、跌水、峡谷、宽谷、弯道、直道、陡坡、缓坡、桥涵等,比例尺一般为1∶1 000～1∶200,一般要求纵横比例尺的比值为1。主要反映沟道及岸坡地形,沟道与威胁对象的位置关系,泥石流泥位线,沟床冲淤特征,钻孔、探槽及勘探深度内的沟床和岸坡岩土体类型及结构特征等,可以附剖面处泥石流特征参数及地基岩土参数表。

8.3.2.6 重要物源点工程地质剖面图。比例尺一般为1∶500～1∶200。主要反映物源(崩塌、滑坡、堰塞体、沟道厚层堆积物、工程弃渣等)松散堆积体的地质结构特征、纵横厚度变化情况、软弱层(结构面)发育情况、变形(滑移、侵蚀)情况,可以附表说明物源量、堆积体稳定性、参与泥石流活动的方式等。

8.3.2.7 钻孔综合柱状图。按1∶200～1∶100比例尺,主要反映钻孔的分层厚度、岩性、地下水位和孔内原位测试、取样位置等。

8.3.2.8 探井和探槽地质展示图。按1∶100～1∶50比例尺,展开绘制井壁地质现象,分层标注岩性、软弱夹层、原位测试和取样位置、地下水位或渗水点等。

8.4 附件编制的基本要求

8.4.1 物源调查表。参照附录C。主要是物源测绘及物源量估算,附物源点平面图、剖面图和典型照片。

8.4.2 原位测试报告、岩土物理力学测试报告、水质测试报告由具备检测资质的专业单位提供。

8.4.3 遥感解译报告。报告主要说明：采用的遥感图像源、数据类型、分辨率、接收时间、图像处理和地质解译、图件编制的方法技术。专题图件可以编制泥石流沟域遥感影像图、沟域物源分布遥感解译图和泥石流沟道冲淤及堵塞遥感解译图等，比例尺可与沟域工程地质平面图一致。

8.4.4 物探解译报告。主要说明物探工作方法，目标层的地球物理特性，测试数据资料的解译和地质推断，结论和建议等。图件主要包括物探工作平面布置图、物探解译推断地质剖面图、测点数据曲线图等。

8.4.5 勘查影像图集。包括泥石流沟谷地貌、各类物源、泥石流堆积物、泥石流泥位泥痕、冲刷淤积痕迹、威胁对象、灾害损失等与泥石流活动相关的，以及地质调查、工程地质测绘、钻探、井探、槽探、现场试验、样品采集等勘查工作典型照片及录像资料。

附 录 A
（规范性附录）
泥石流类型划分

A.1 泥石流按水源和物源成因分类

表 A.1 泥石流按水源和物源成因分类

分类依据	类型	特征描述
水源	暴雨型泥石流	一般在充分的前期降雨和当场暴雨的激发作用下形成，激发雨量和雨强因不同沟谷而异
	冰川型泥石流	冰雪融水冲蚀沟床，侵蚀岸坡而引发泥石流。有时也有降雨的共同作用
	溃决型泥石流	由于水流冲刷、地震、堤坝自身不稳定性引起的各种拦水堤坝溃决和形成堰塞湖的滑坡（崩塌）堰塞体、终碛堤溃决，造成突发性高强度洪水冲蚀而引发泥石流
物源	坡面侵蚀型泥石流	坡面侵蚀和冲沟侵蚀提供泥石流形成的主要物源。固体物质多集中于沟道岸坡或斜坡坡面，在一定水动力条件下形成泥石流
	崩滑型泥石流	固体物质主要由滑坡崩塌等堆积物提供，也有滑坡直接转化为泥石流者
	沟床冲刷型泥石流	固体物质主要由沟床堆积物受冲刷提供
	冰碛型泥石流	形成泥石流的固体物质主要是冰碛物
	弃渣型泥石流	形成泥石流的松散固体物质主要由开渠、筑路、矿山开挖等人类工程活动形成的弃渣提供

A.2 泥石流按集水区特征分类

表 A.2 泥石流按集水区特征分类

泥石流类型	坡面型泥石流	沟谷型泥石流
特征	（1）无恒定地域与明显沟槽，只有活动周界。轮廓呈保龄球形。 （2）限于30°以上斜面，下伏基岩或不透水层，物源以地表覆盖层为主，活动规模小，破坏机制更接近于坍滑。 （3）发生时空不易识别，成灾规模及损失范围小。 （4）坡面浅层岩土体失稳。 （5）总量小，无后续性，无重复性。 （6）在同一斜坡面上可以多处发生，呈梳状排列，顶缘距山脊线有一定范围。 （7）可知性低、防范难。	（1）以流域为周界，受一定的沟谷制约。泥石流的形成、堆积和流通区较明显。轮廓呈哑铃形。 （2）以沟槽为中心，物源区松散堆积体分布在沟槽两岸及河床上，崩塌滑坡、沟蚀作用强烈，活动规模大，由洪水、泥沙两种汇流形成，更接近于洪水。 （3）发生时空有一定规律性，可识别，成灾规模及损失范围大。 （4）是暴雨导致洪流对沟底和坡面物源产生"揭底"冲刷所导致。 （5）总量大，重现期短，有后续性，能重复发生。 （6）受区域构造控制，同一地区多呈带状或片状分布，同一地区相同条件沟谷进行预测泥石流危险性有借鉴意义。 （7）有一定的可知性，可防范。

A.3 泥石流按暴发频率分类

表 A.3 泥石流按暴发频率分类

泥石流类型	极低频泥石流	低频泥石流	中频泥石流	高频泥石流
暴发频率	<1次/100年	1次/100年～<1次/20年	1次/20年～<1次/年	≥1次/年

A.4 泥石流按物质组成分类

表 A.4 泥石流按物质组成分类

分类指标	泥石流类型		
	泥流型	泥石型	水石(沙)型
物质组成	粉沙、黏粒为主，粒度均匀，98%的颗粒粒径小于2.0 mm	可含黏粒、粉粒、砂粒、砾石、卵石、漂石各级粒度，很不均匀	粉沙、黏粒含量极少，多为粒径大于2.0 mm的颗粒，粒度很不均匀(水沙流较均匀)
流体属性	多为非牛顿流体，有黏性，黏度大于0.3 Pa·s	多为非牛顿流体，少部分也可以是牛顿流体。有黏性的，也有无黏性的	为牛顿流体，无黏性
残留表观	有浓泥浆残留	表面不干净，有泥浆残留	表面较干净，无泥浆残留
沟槽坡度	较缓(坡度 $\varphi \leq 5°$)	较陡(坡度 $5° < \varphi \leq 14°$)	陡(坡度 $14° < \varphi \leq 21°$)
分布地域	多集中分布在黄土及火山灰地区	广见于各类地质体及堆积体中	多见于火成岩及碳酸盐岩地区

A.5 泥石流按流体性质分类

表 A.5 泥石流按流体性质分类

特征	泥石流类型	
	黏性泥石流	稀性泥石流
重度/(t/m³)	1.8～2.4	1.3～1.8
固体物质含量/(kg/m³)	1 300～2 200	500～1 300
泥浆黏度/(Pa·s)	≥0.3	<0.3
物质组成	以黏土、粉土为主，包括部分砾石、块石等，有相应的土及易风化的松软岩层供给	以碎块石、砂为主，含少量黏性土，有相应的土及不易风化的坚硬岩层供给
沉积物特征	呈舌状，起伏不平，保持流动结构特征，剖面中一次沉积物的层次不明显，间有"泥球"，但各次沉积物之间层次分明，洪水后不易干枯。杂基支撑，混杂堆积，高容重(容重大于2.0 g/cm³)泥石流还有反粒径分布(粗颗粒在上)的特点	呈垄岗状或扇状，洪水后即可通行，干后层次不明显，呈层状，具有分选性，砾石支撑
流态及流体特征	层流状，固、液两相物质成整体运动，无垂直交换，浆体浓稠，承浮和悬托力大，石块呈悬移状，有时滚动，流体阵性明显，直进性强，转向性弱，弯道爬高明显，沿程渗漏不明显，磨蚀力强	紊流状，固、液两相做不等速运动，有垂直交换，石块流速慢于浆体，呈滚动或跃移状，泥浆体混浊，阵性不明显，但有股流和散流现象，水与浆体沿程易渗漏

附 录 B
（资料性附录）
泥石流沟发展阶段的识别

表 B.1　泥石流沟发展阶段的识别方法

识别标记		形成期（青年期）	发展期（壮年期）	衰退期（老年期）	停歇或终止期
主支流侵蚀		主沟侵蚀速度小于等于支沟侵蚀速度	主沟侵蚀速度大于支沟侵蚀速度	主沟侵蚀速度小于支沟侵蚀速度	主沟、支沟侵蚀速度均等
沟口扇型		沟口出现扇形堆积地形或扇形地处于发展中	沟口扇形堆积地形发育，扇缘及扇高在明显增长中	沟口扇形堆积在萎缩中	沟口扇形地貌稳定
沟口河型		堆积扇发育逐步挤压主河，河型间或发生变形，无较大变形	大（主）河河型受堆积发展控制，河型受迫弯曲变形，或被暂时性堵塞	大（主）河河型基本稳定	大（主）河河型稳定
挤压主流		仅主流受迫偏移，对对岸尚未构成威胁	主流明显被挤偏移，冲刷对岸河堤、河滩	主流稳定或向恢复变形前的方向发展	主流稳定
新老扇叠压		新老扇叠置不明显或为外延式叠置，呈叠瓦状	新老扇叠置覆盖外延，新扇规模逐步增大	新老扇呈后退式覆盖，新扇规模逐步变小	无新堆积扇发生
扇面变幅/m		+0.2～+0.5	>+0.5	−0.2～+0.2	≤0
沟域松散物模量/（×10⁴m³/km²）		5～10	>10	1～<5	0.5～<1
松散物边坡	高度 H/m	5～30	>30	<30	<5
	坡度 φ	25°～32°	>32°	15°～<25°	<15°
滑崩塌岸泥沙补给		不良地质现象在扩展中	不良地质现象发育	不良地质现象在缩小控制中	不良地质现象逐步稳定
沟槽侵蚀变形	纵向	中强切蚀，溯源冲刷，沟槽不稳	强切蚀，溯源冲刷发育，沟槽不稳	中弱切蚀，溯源冲刷不发育，沟槽趋稳	平衡稳定
	横向	以纵向切蚀为主	以纵向切蚀为主，横向切蚀发育	以横向切蚀为主	无变化
沟坡坡型		变陡	陡峻	变缓	缓
沟道沟型		裁弯取直、变窄	顺直束窄	弯曲展宽	河槽固定
植被覆盖率		覆盖率在下降，为10%～30%	以荒坡为主，覆盖率小于10%	覆盖率在增长，为>30%～60%	覆盖率较高，大于60%
触发雨强		逐步变小	较小	较大并逐步增大	

附 录 C
（资料性附录）
泥石流物源计算

泥石流勘查工作中，应查明泥石流物源类型和分布，查明各物源点位置、形态、规模、结构特征、变形特征、稳定性及与沟道的关系，查明各物源点的启动和参与泥石流活动的方式，分析和估算物源总量和动储量。根据物源分布、规模、结构、稳定性、启动方式及与沟道的关系，查明各物源点启动是否存在堵溃的可能。

泥石流物源的勘查主要采用工程地质测绘的方法，对可能以堵溃、拉槽、深切揭底等方式大规模集中启动的重要物源点，应结合采用适当的勘探与试验方法，查明其集中启动的危险性和危害性。

物源量的估算通常在确定分布面积和平均厚度的基础上，采用分布面积与平均厚度的乘积来确定，见式(C.1)。

$$V = A\bar{h} \qquad\qquad\qquad\qquad (C.1)$$

式中：
V——物源体积，单位为万立方米（$\times 10^4 \text{ m}^3$）；
$\bar{h}$——物源平均厚度，单位为米（m）；
A——物源分布面积，单位为万平方米（$\times 10^4 \text{ m}^2$）。

C.1 物源分布面积的确定方法

C.1.1 实地勘查法

实地勘查法通过实地勘查将流域内不同类型松散固体物质填绘在地形图上，并计算松散固体物质的分布面积。通视条件和交通条件良好的泥石流流域多采用此方法确定泥石流的物源分布。对一个具体的流域，泥石流物源的类型众多，规模各异，地形图的比例尺不宜小于1∶25 000。目前，我国除较发达的城镇区域有比例尺大于1∶25 000的地形图外，其他大部分地区地形图的比例尺为小于等于1∶50 000，而众多的山区依然仅有1∶100 000地形图。实际工作中可将小比例尺地形图放大成1∶25 000的工作用图，结合野外特征进行填绘和修正。

泥石流勘查阶段，对重要的物源点和物源集中分布区应进行大比例尺的测绘。对进行了大比例尺勘查测绘的物源，应根据实测物源分布范围，从平面图上量取物源分布面积。

C.1.2 遥感调查法

遥感调查法通过航空照片和卫片的解译确定松散固体物质的类型与分布，这种方法是实地勘查法的补充。对于受交通和海拔限制致使人无法涉足的区域，可采用遥感调查方法确定松散固体物质的分布。遥感调查方法是一种间接方法，需要采用临近通视条件好的可到达"样区"（面积通常不小于0.1 km²）作为辅助检验。遥感影像资料来源比较丰富，但泥石流流域较小、物源多样，遥感精度要求高。目前，"快鸟"影像在一定程度上能满足精度要求，我国许多区域缺少"快鸟"影像资料，可以采用ETM等影像资料，但需要有航片作为辅助解译手段。

C.2 物源平均厚度的确定方法

通常,物源厚度值是变化的,一般以平均厚度值来计算物源总量。不同类型物源的厚度确定方法不同;因工作区域的重要程度所决定的精度要求不同,确定物源厚度的方法与手段也不同。滑坡是泥石流最常见的物源,其计算方法与其他物源不同,具有一定的特殊性。

C.2.1 滑坡平均厚度的确定

a) 模拟计算法

通过瑞典圆弧法等经典方法在潜在滑坡分布的基础上,模拟计算潜在滑坡的平均厚度,并以此为基础计算潜在滑坡的物源数量。按泰勒·费南纽斯等提出的破裂圆弧分析理论计算,平均坡度小于等于45°时,崩滑体平均厚度计算见式(C.2)。

$$\bar{h} = \frac{L_P}{4\sin\theta}\left(\frac{\pi\theta}{180\sin\theta\cos\theta}-1\right)K \quad\quad\quad (C.2)$$

式中:

$\bar{h}$——崩塌滑坡体平均厚度,单位为米(m);

L_P——崩滑体的平均宽度单位为米(m);

θ——崩滑体的平均坡度,单位为度(°);

K——修正系数,K取值0.1~1,实际情况中应在现场取一滑坡进行试算。

b) 实地勘查法

通过钻探、物探和坑槽探的方法确定滑坡堆积物和潜在滑坡的平均厚度。钻探和坑槽探主要探测某一点滑坡堆积物和潜在滑坡的厚度,而物探手段(地质雷达等方法)可以确定潜在滑坡和滑坡堆积物与下覆地质体的分界线,进而确定滑坡松散堆积物和潜在滑坡的厚度。

c) 统计方法

通过汶川地震灾区111个崩塌滑坡体积与崩塌滑坡面积的统计分析发现,崩塌滑坡体的平均厚度与崩塌滑坡面积存在一定关系。

对于实地调查的单个滑塌体平均厚度计算见式(C.3)。

$$\bar{h} = e^{2.3869}A_\perp^{0.2293}(\tan\varphi)^{0.2809}h^{-0.2381} \quad\quad\quad (C.3)$$

对于遥感方法确定的滑塌体平均厚度计算见式(C.4)。

$$\bar{h} = 3.4573 A_\perp^{0.2053} \quad\quad\quad (C.4)$$

式中:

$\bar{h}$——崩塌滑坡体平均厚度,单位为米(m);

$A_\perp$——崩塌滑坡体投影面积,单位为万平方米($\times 10^4$ m²);

φ——崩塌滑坡体平均坡度,单位为度(°);

h——滑坡崩塌体高度,单位为米(m)。

C.2.2 其他物源厚度的确定

其他物源类型包括沟床堆积物、坡积物、冰碛物、土壤层和风成堆积物等,其厚度确定方法与滑坡不同,见表C.1。

表 C.1 其他物源厚度确定方法

物源类型	厚度确定方法
沟床堆积物	有基岩出露时采用坑探或槽探；无基岩出露时采用钻探或物探手段确定，需3个以上点位的加权平均值
坡积物	沿山坡分布，上薄下厚的钝角三角形，通过野外调查和勘查确定
冰碛物	以现有河床为基础，实地量取最大厚度和平均厚度
土壤层	从沟谷到坡面测量5个以上点的土壤厚度，勾画土壤分布坡面线，依据剖面面积除以坡面长度确定
风成堆积物	位于流域不同部位的迎风面，采用测量和坑探确定

C.3 物源的易启动性

通过物源堆积体土体密度、黏土颗粒含量、颗粒级配曲线的曲率系数和物源分布的相对高差等因素判断土体的易启动性，具体查看表 C.2。

表 C.2 物源堆积体的易启动性分级表

泥石流易发等级	不易启动	轻度易启动	中等易启动	极易启动
黏土颗粒含量/%	>18	<1	1~2.5 或 10~18	5~<10
土体密度/(t/m^3)	>2.2	1.8~2.2	1.6~<1.8	<1.6
颗粒级配曲率系数	>10	1.0~10	0.1~<1.0	<0.1
物源与沟口高差/m	<300	300~<500	500~1 000	>1 000

C.4 物源动储量的计算

泥石流动储量计算应根据单个物源点动储量的计算进行汇总。单个物源点动储量的计算，应根据物源类型和可能的启动模式，通过平剖面图图解的方式量算。泥石流物源划分为坡面堆积型物源、沟道堆积型物源、崩滑堆积型物源等3种主要类型，坡面堆积型物源主要以坡面侵蚀方式启动，沟道堆积型物源主要以揭底侵蚀方式启动，崩滑堆积型物源按其与沟道的关系，可能以坡面侵蚀、沟道侧蚀、底蚀以及堵溃等方式启动。

此外，对近期活动的可能堵沟的滑坡，可作为泥石流物源；沟床堆积物依据其分布面积和厚度计算泥石流物源的动储量；坡面侵蚀根据流域裸露面积确定，其侵蚀厚度取5 cm；冰碛物根据其年代和密度特征确定，新冰碛物全部为动储量，冰碛物中密度小于1.8 t/m^{3}的均作为动储量；老泥石流堆积物依据其密度特征确定，密度小于1.8 t/m^{3}的部分作为动储量；动储量的确定过程中，应辅以坑探的方法确定物源的密度特征。根据统计，流域动储量一般为总物源量的20%~40%。

泥石流的动储量计算应根据物源类型差异采取不同的计算方法。根据蒋忠信（2014）《震后泥石流治理工程设计简明指南》对崩滑物源、坡面侵蚀物源和沟道揭底物源，以及乔建平等（2012）《汶川地震极震区泥石流物源动储量统计方法讨论》对下切侵蚀型和侧缘侵蚀型泥石流物源动储量计算方法的研究，分述如下。

C.4.1 崩滑型物源

按失稳的崩滑规模或临空面的破裂楔体估算。对崩塌滑坡体，要据现状和沟底下切形成的临空面来评价其整体稳定性和边坡稳定性,据失稳规模计算动储量。

大于临界高度(H_{cr})的不稳定边坡体,其边坡体以被滑塌角(α)切割的破裂楔体作为失稳坡体计为动储量,计算公式见式(C.5)。

$$H_{cr}=\frac{4c}{\gamma}\left[\frac{\sin\theta\cos\varphi}{1-\cos(\theta-\varphi)}\right] \quad\quad\quad\quad\quad\quad (C.5)$$

式中:

H_{cr}——边坡临界高度,单位为米(m);

c——边坡土体的黏聚力,单位为千帕[斯卡](kPa);

φ——边坡土体的内摩擦角,单位为度(°);

γ——边坡土体的容重,单位为吨每立方米(t/m³);

θ——边坡角,单位为度(°)。

对中高频泥石流,要叠加多次泥石流下切所导致的坡体失稳规模。一般谷坡坡度15°以上的斜坡,多以崩塌、滑坡方式提供固体物源。

C.4.2 坡面侵蚀型物源

坡面侵蚀型物源量不应按全流域平均侵蚀深度计,宜分区按侵蚀模量(t/km²)计算工程有效期内侵蚀总量,但因其粒度较小,易被常年洪水带走,仅部分可计为泥石流动储量,故应按常年洪水可输移的粒径所占比例予以折减。

对植被覆盖完密的天然林地,基本上不存在土壤侵蚀;较平坦的农耕地,土壤侵蚀很轻微,估计平均年侵蚀量为500 t/(km²·a)左右;原农耕地和新垦耕地,属中度侵蚀区,平均年侵蚀量为1 500 t/(km²·a)~1 900 t/(km²·a);坡耕地侵蚀严重,最大侵蚀量可达7 000 t/(km²·a)。一般谷坡坡度为5°~15°的裸地,坡面侵蚀提供的固体物质较多。

C.4.3 沟道冲刷型物源

沟道堆积冲刷揭底是泥石流动储量的重要部分,应据堆积物粒径确定其启动流速,据不同频率泥石流流速判断其启动粒径,再据级配计算可启动颗粒的数量。评价时宜按不同纵坡分段评价,即使对尚未揭底冲刷的堆积沟段,也要分析在强降雨下起动的可能性;对沟口堆积扇,一般不计动储量。

在沟床随深度变化不大的沟段,也可按现场调查的沟床一次下切规模估算沟床动储量,但应叠加工程有效期内可能暴发的各次泥石流下切规模。据经验,土力类泥石流在沟床的起动临界土层厚度为20 cm~200 cm。

C.4.4 下切侵蚀动储量和侧缘侵蚀动储量

采用几何图形解析方法,建立近似的泥石流动储量统计模型。模型见图C.1。

下切侵蚀动储量计算公式为式(C.6)。

$$V=\frac{1}{2}h^2\tan(90°-\theta)L_1 \quad\quad\quad\quad\quad\quad (C.6)$$

式中:

V——下切侵蚀型泥石流动储量,单位为立方米(m³);

h——原沟床深度,单位为米(m);

θ——斜坡自然休止角,单位为度(°);

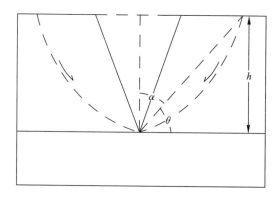
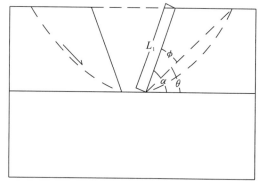

图 C.1 下切侵蚀（左图）和侧缘侵蚀（右图）动储量计算模型

L_1——沟床堆积体长度，单位为米（m）。

侧缘侵蚀动储量计算公式为式（C.7）。

$$V=\frac{1}{2}l^2\tan(\alpha-\theta)L_2 \quad\quad\quad\quad\quad (C.7)$$

式中：

V——侧缘侵蚀型泥石流动储量，单位为立方米（m³）；

l——实测坡面长度，单位为米（m）；

θ——斜坡自然休止角，单位为度（°）；

α——实测堆积坡角，单位为度（°）；

L_2——沟道堆积体长度，单位为米（m）。

C.5 物源调查表

针对沟域内存在的各物源点，应开展调查工作，具体调查内容见表 C.3。

表 C.3 泥石流沟物源点调查表

项目名称： 物源点编号：

位置	行政区划：_____县_____乡（镇）____村__组	坐标和高程	$X=$ $Y=$ $H=$
	沟道位置： （注明位于某沟的某段，哪一岸，距沟道高差等）		
物源类型	□坡面侵蚀型　□崩滑型　□沟床冲刷型　□冰碛型　□弃渣型		
物源区 斜坡特征	（沟道斜坡、地层岩性、斜坡结构、植被发育情况等）		
物源量计算	（描述物源分布范围和形态，分布长度和宽度、分布面积、平均厚度、堆积体积等）		
	物源总量　____×10⁴ m³	动储量　____×10⁴ m³	计算方法：
堆积体稳定性	（描述物质组成和密实程度及颗粒级配特征、性状、分选性等，评述堆积体在暴雨或洪水冲刷下的稳定性）		

表 C.3 泥石流沟物源点调查表（续）

堵沟情况	（位于沟道哪一岸；是否进入沟道；如果未进入沟道，说明前缘距沟道有多远，物源与沟道之间地形坡度和地质结构、植被情况等；如果进入沟道，说明其堆积形态及堵塞和占据沟道的情况等）
物源活动特征	（描述物源点在近期发生的泥石流灾害中的启动和参与泥石流活动的方式，以及启动的数量；对崩滑物源，如果出现变形破坏迹象，应描述其变形破坏特征，并初步判别其稳定性）
继续启动方式和触发条件	（根据堆积物基本特征及与沟道的关系，分析和预测其可能再次启动参与泥石流活动的方式和冲刷触发条件）
照片	（全貌照片：尽可能反映物源分布范围和形态特征及与沟道的关系；局部照片：反映物源点的结构特征及变形特征等） 照片编号　　　　照片位置　　　　　　　　镜头朝向
平面图	（反映物源分布的地质环境条件、物源分布范围与形态、物源与沟道的关系、变形破坏特征或近期已启动部分的分布范围、动储量计算的分布范围等）
剖面图	（反映物源分布和规模的剖面形态、物源点的厚度和结构特征、与沟道的空间关系、变形破坏特征或近期泥石流活动中启动部分的分布、动储量计算的分布范围等）

调查单位：
项目负责人：　　　　　　　填表人：　　　　　　审核人：　　　　　　日期：　　年　月　日

附 录 D
（资料性附录）
暴雨强度指标 R

降雨条件函数（暴雨强度指标）R 的计算见式（D.1）

$$R = K(H_{24}/H_{24(D)} + H_1/H_{1(D)} + H_{1/6}/H_{1/6(D)}) \quad \cdots\cdots\cdots\cdots\cdots (D.1)$$

式中：

K——前期降雨量修正系数，无前期降雨时，$K=1$；有前期降雨时，$K>1$；但目前尚无可信的成果可供应用；现阶段可暂时假定：K 取值 1.1～1.2；

H_{24}——24 h 最大降雨量，单位为毫米（mm）；

H_1——1 h 最大降雨量，单位为毫米（mm）；

$H_{1/6}$——10 min 最大降雨量，单位为毫米（mm）；

$H_{24(D)}$、$H_{1(D)}$、$H_{1/6(D)}$分别为该地区可能发生泥石流的 24 h、1 h、10 min 的界限降雨量（值），见表 D.1。

表 D.1 可能发生暴雨泥石流的 $H_{24(D)}$、$H_{1(D)}$、$H_{1/6(D)}$ 的界限降雨量值

年均降雨分区/mm	$H_{24(D)}$/mm	$H_{1(D)}$/mm	$H_{1/6(D)}$/mm	代表地区（以当地统计结果为准）
>1 200	100	40	12	浙江、福建、台湾、广东、广西壮族自治区、江西、湖南、湖北、安徽及云南西部、辽宁东部、西藏自治区东南部等省（区）山区
>800～1 200	60	20	10	四川、贵州、云南东部和中部、陕西南部、山西东部、辽宁东部、黑龙江、吉林、辽宁西部、河北北部和西部等省（区）山区
500～800	30	15	6	陕西北部、甘肃、内蒙古自治区、北京郊区、宁夏回族自治区、山西、新疆维吾尔自治区部分、四川西北部、西藏自治区等省（区）山区
<500	25	15	5	青海、新疆维吾尔自治区、西藏自治区及甘肃、宁夏回族自治区两省（区）的黄河以西地区

参照综合分析：

$R<3.1$，安全雨情；

$R\geqslant 3.1$，可能发生泥石流的雨情；

$3.1\leqslant R<4.2$，发生泥石流的概率小于 0.2；

$4.2\leqslant R\leqslant 10$，发生泥石流的概率为 0.2～0.8；

$R>10$，发生泥石流的概率大于 0.8。

附 录 E
（资料性附录）
泥石流调查表

表 E.1 泥石流沟综合信息表（一）

项目名称：　　　　图幅名：　　　　图幅编号：

沟名										
野外编号			统一编号			县（市）编号				
行政区位	省	县（市）	乡	村	组	沟口位置	经度	°	′	″
水系名称							纬度	°	′	″
泥石流沟与主河关系										
主河名称		泥石流沟位于主河的 □左岸 □右岸			沟口至主河道距离/m			流动方向/(°)			
水动力类型	□暴雨 □冰川 □溃决 □地下水				沟口巨石大小/m		Φ_a		Φ_b		Φ_c
泥砂补给途径	□面蚀 □沟岸崩滑 □沟底再搬运				补给区位置		□上游 □中游 □下游				
降雨特征值/mm	$H_{年max}$	$H_{年cp}$	$H_{日max}$	$H_{日cp}$	$H_{时max}$	$H_{时cp}$	$H_{10分钟max}$		$H_{10分钟cp}$		
沟口扇形地特征	扇形地完整性/%		扇面冲淤变幅		±	发展趋势		□下切 □淤高			
	扇长/m		扇宽/m			扩散角/(°)					
	□挤压大河 □河形弯曲主流偏移 □主流偏移 □主流只在高水位偏移 □主流不偏										
地质构造	□顶沟断层 □过沟断层 □抬升区 □沉降区 □褶皱 □单斜						地震烈度/(°)				
不良地质体情况	滑坡	活动程度	□严重 □中等 □轻微 □一般			规模		□大 □中 □小			
	人工弃体	活动程度	□严重 □中等 □轻微 □一般			规模		□大 □中 □小			
	自然堆积	活动程度	□严重 □中等 □轻微 □一般			规模		□大 □中 □小			
土地利用率/%	森林	灌丛	草地	缓坡耕地	荒地	陡坡耕地	建筑用地	其他：_____			
防治措施现状	□有 □无	类型	□稳拦 □排导 □避绕 □生物工程								
监测措施	□有 □无	类型	□雨情 □泥位 □专人值守								
危害对象	□县城 □村镇 □居民点 □学校 □矿山 □工厂 □水库 □电站 □农田 □饮灌渠道 □森林 □公路 □大江大河 □铁路 □输电线路 □通讯设施 □国防设施 □其他：_____										
潜在危害	威胁人数/人			威胁财产/万元			险情等级		□特大型 □大型 □中型 □小型		

灾害史	发生时间/(年-月-日)	死亡人数/人	牲畜损失/头	房屋/间		农田/亩		公共设施		直接损失/万元	灾情等级
				全毁	半毁	全毁	半毁	道路/km	桥梁/座		
											□特大型 □大型 □中型 □小型

泥石流特征	暴发频率/(次/年)		泥石流类型	□泥流 □泥石流 □水石流		
				□沟谷型 □山坡型		
	最大一次冲出方量/m³		规模等级	□特大型 □大型 □中型 □小型	泥位/m	

表 E.2 泥石流沟综合信息表（二）

野外编号：

泥石流易发程度综合评判																	
1. 滑坡崩塌	□严重 □中等 □轻微 □一般								2. 补给段长度比/%								
3. 沟口扇形地	□大 □中 □小 □无								4. 主沟纵坡/‰								
5. 新构造影响	□强烈上升区 □上升区 □相对稳定区 □沉降区								6. 植被覆盖率/%								
7. 冲淤变幅/m	±			8. 岩性因素			□土及软岩 □软硬相间 □风化和节理发育的硬岩 □硬岩									
9. 松散物模数 /($\times 10^4$ m³/km²)				10. 山坡坡度/(°)			11. 沟槽横断面			□"V"形谷（谷中谷、"U"形谷） □拓宽"U"形谷 □复式断面 □平坦型								
12. 松散物平均厚度/m							13. 流域面积/km²										
14. 相对高差/m							15. 堵塞程度			□严重 □中等 □轻微 □无							
评分	1	2	3	4	5	6	7	8	9	10	11	12	13	14	15	总分	
易发程度	□高易发 □中易发 □低易发 □不易发																
发展阶段	□发育期 □旺盛期 □衰退期 □停歇或终止期																
潜在危害	威胁人数/人								威胁财产/万元								
^	险情等级	□特大型 □大型 □中型 □小型														
^	威胁对象	□县城 □村镇 □居民点 □学校 □矿山 □工厂 □水库 □电站 □农田 □饮灌渠道 □森林 □公路 □大江大河 □铁路 □输电线路 □通讯设施 □国防设施 □其他：___														
监测建议	□雨情 □泥位 □专人值守																
防治建议	□群测群防	□村级监测预警 □乡级监测预警 □县级监测预警 □市级监测预警 □省级监测预警 □国家级监测预警 □交通监测预警															
^	□专业监测	□县级监测预警 □市级监测预警 □省级监测预警 □国家级监测预警															
^	□搬迁避让	□部分搬迁避让 □整村搬迁避让															
^	□工程治理	□稳拦 □排导 □生物工程															
^	□应急排危除险																
^	□立警示牌																
遥感解译点	□是 □否	勘查点			□是 □否	测绘点			□是 □否	防灾预案/群测群防点								□是 □否
照片记录							录像记录										
示意图																	
野外记录信息																	

调查单位：

项目负责人： 　　　填表人： 　　　审核人： 　　　　　　　日期： 年 月 日

附 录 F
（资料性附录）
泥石流危险区范围预测

泥石流危险区主要指泥石流运动过程中，由于泥石流淤埋、淹没、冲击以及冲刷引起塌岸滑坡等可能造成危害的区域，还包括泥石流堵塞河道引起的回水淹没区域、堰塞体溃决引起的洪水冲刷淹没区域。危险区可根据对泥石流活动的调查测绘进行划定。泥石流堆积扇区在未形成堰塞体时，也可按以下经验公式预测其危险区范围。

a) 首先确定泥石流在沟口（堆积扇之前）的宽度，通过式（F.1）～式（F.6），利用泥石流峰值流量和沟口过流断面参数估算沟口过流断面最大平均流深。

$$q = Q_{max}/L \quad \quad (F.1)$$
$$q = h_0 v \quad \quad (F.2)$$
$$v = K r^{2/3} I^{1/5} \quad \quad (F.3)$$
$$r = A/P \quad \quad (F.4)$$
$$A = h_0 L \quad \quad (F.5)$$
$$P = 2h_0 + L \quad \quad (F.6)$$

式中：

q——泥石流单宽流量，单位为平方米每秒（m²/s）；

Q_{max}——泥石流峰值流量，单位为立方米每秒（m³/s），通过形态调查法或雨洪法等方法获取；

L——泥石流过流断面宽度，单位为米（m），根据地形图并结合野外调查获取；

h_0——泥石流沟口过流断面最大平均流深，单位为米（m）；

v——泥石流流速，单位为米每秒（m/s）；

K——泥石流流速系数，参考表F.1取值；

I——泥石流沟道水力坡度，根据地形图并结合野外调查获取；

r——泥石流水力半径，单位为米（m）；

A——泥石流过流断面面积，单位为平方米（m²）；

P——泥石流过流断面湿周，单位为米（m）。本方法中，将沟口过流断面简化为矩形断面。

h_0的计算在Excel表中完成。沟口过流断面实际单宽流量（q_{act}）根据泥石流峰值流量（Q_{max}）和过流断面宽（L）由式（F.1）计算得到。在h_0计算过程中假定一个沟口过流断面平均流深（h'），根据式（F.2）～式（F.6），估算出平均流深为h'时沟口过流断面单宽流量（q_{est}）。调整h'取值时，P、A、r、v和q_{est}依次相应变化，直到$q_{est}=q_{act}$，此时假定的平均流深h'即为峰值流量Q_{max}时沟口过流断面的最大平均流深h_0。

表 F.1 泥石流流速系数（K）

泥深/m	<2.5	2.75	3.00	3.5	4.00	4.50	5.00	>5.5
K	10.0	9.5	9.0	8.0	7.0	6.0	5.0	4.0

b) 泥石流堆积扇淤积范围界线的确定。

泥石流堆积扇淤积范围的划分过程在CAD中手动完成。

第一步：在堆积扇地形图上标出沟道深泓线和沟口过流断面（A_0B_0）。A_0B_0 断面位于泥石流堆积区上游端狭窄沟道处（图 F.1a），其下游沟道逐渐开阔，根据地形图并结合野外调查确定。从 A_0B_0 断面到堆积扇前缘的等高线依次为第 1 条、第 2 条⋯第 n 条。

第二步：以峰值流量 Q_{max} 时沟口过流断面平均流深（h_0）为堆积扇上其他泥石流过流断面的特定流深，根据 h_0 确定特征过流断面的位置和宽度。

①点 O_1、点 O_2 是 A_0B_0 断面下游第 1、2 条等高线与沟道深泓线的交点（图 F.1a）。

②点 O_1 和点 O_2 间沟道深泓线的长度为 $L_{O_1O_2}$，h_e 是相邻两条等高线间的高差。点 C_1 是点 O_1 和点 O_2 间沟道深泓线上的一点，点 O_1 和点 C_1 间沟道深泓线的长度为 $L_{O_1C_1}$。点 C_1 的位置需满足 $L_{O_1C_1}/L_{O_1O_2} = h_0/h_e$，即 $L_{O_1C_1} = (h_0/h_e)L_{O_1O_2}$（图 F.1a）。假定相邻两条等高线间地形坡度均匀变化，则点 C_1 与第 1 条等高线间的高差刚好为 h_0。

过点 C_1 作一个与泥石流沿沟道运动方向垂直的横断面作为泥石流过流断面，断面与第 1 条等高线的交点分别为点 A_1 和点 B_1（图 F.1a）。因为点 C_1 与第 1 条等高线间的高差为 h_0，故点 C_1 与点 A_1 和点 B_1 之间的高差均为 h_0，过流断面 A_1B_1 的流深为 h_0。点 A_1 和点 B_1 分别为点 C_1 处泥石流流深为 h_0 的过流断面的横向边界点。过流断面 A_1B_1 为第一个由流深 h_0 确定的特征过流断面（图 F.1a）。

③重复上述步骤①和②，在第 2 条和第 3 条等高线之间确定第 2 个流深为 h_0 的特征过流断面 A_2B_2。以此类推，在堆积扇地形图上 n 条等高线之间共获得 $n-1$ 个流深为 h_0 的泥石流特征过流断面（A_1B_1、A_2B_2、A_3B_3、⋯ $A_{n-1}B_{n-1}$），如图 F.1a。

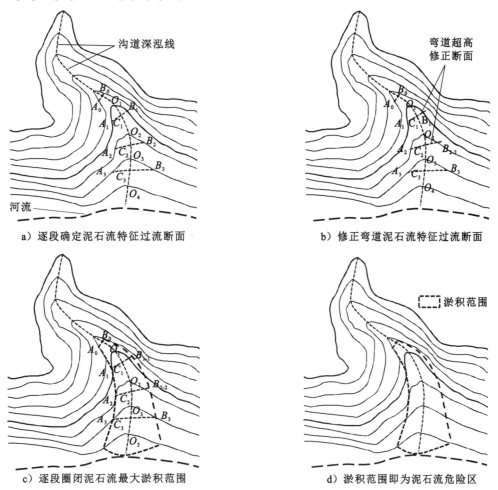

a）逐段确定泥石流特征过流断面

b）修正弯道泥石流特征过流断面

c）逐段圈闭泥石流最大淤积范围

d）淤积范围即为泥石流危险区

图 F.1 泥石流堆积扇淤积范围划分过程示意图

第三步：弯道特征过流断面修正。

如果堆积区沟道无明显弯道，则直接进入第四步泥石流淤积范围的划分；如果堆积区沟道有明显弯道，则需根据弯道处流深超高修正上述泥石流特征过流断面的宽度。

①弯道过流断面流深超高计算

根据式(F.7)日本(高桥保)公式计算弯道过流断面泥石流流深超高。

$$\Delta h = 2\frac{B_c V_c^2}{R_c g} \quad\quad\quad\quad\quad\quad\quad\quad\quad (F.7)$$

式中：

Δh——泥石流流深弯道超高，单位为米(m)；

B_c——泥石流表面宽度，单位为米(m)；

V_c——泥石流流速，单位为米每秒(m/s)；

R_c——沟道中线曲率半径，单位为米(m)；

g——重力加速度，取值9.8 m/s²。

②弯道特征过流断面宽度修正

泥石流过流断面流深越高，则在该断面上向两侧淤积泛滥的宽度就越大。弯道超高的实质就是表现为弯道凹岸侧泥石流流深的增高。因此，泥石流弯道超高对淤积泛滥范围的影响就表现为弯道过流断面在凹岸侧的增宽。

借助地形图等高线的分布，在弯道过流断面的凹岸端，补充因弯道超高效应(泥石流流深增加)而拓宽的部分，得到经弯道超高修正后的泥石流过流断面宽度，如图F.1b中的过流断面A_1B_{1-1}、A_2B_{2-2}。

第四步：依次连接点A_i和点B_i(图F.1c)，被这些点包围的范围即为泥石流淤积范围(图F.1d)。

对于泥石流沟道较深，弯道凹岸侧地形较陡的情况，直接根据经弯道超高修正后的泥石流特征过流断面的分布，得到弯道超高效应下的泥石流淤积范围。

对于泥石流沟道较浅，弯道凹岸侧地形较缓的情况，如泥石流弯道流深超高较大，泥石流直接冲出弯道(沟道)，则需考虑泥石流冲出后的直进性和冲出弯道后堆积扇局部地形的起伏变化，泥石流可能会沿冲出弯道的运动方向继续运动和淤积，在弯道以下区域泥石流淤积范围会因此明显增大。

上述方法考虑了地形的变化和洪峰流量的影响，但是没有考虑泥石流的终止位置，适用于堆积扇相对较小的泥石流危险区划分。对地形图要求不高(1∶50 000)的地形图也可以运用此方法，至少3条等高线通过堆积扇即可，比例尺越大，精度越高。

附 录 G
（资料性附录）
勘探记录表表格式

G.1 钻探及地质编录

钻探及地质编录格式见表 G.1。

表 G.1 钻探及地质编录表

勘查单位：						项目地点：						钻孔编号		开孔孔径/mm		终孔孔径/mm			共 页 第 页
项目名称：		X：		Y：						孔口高程/m		地下水初见水位埋深/m			地下水静水位埋深/m				
回次	回次进尺/m	岩芯长度/m	回次取芯率/%	钻孔深度/m	地层代号	回次岩芯素描图	颜色	密实度	状态	湿度	风化程度	岩性描述		原位测试		样品采取			
												岩性名称、结构构造、物性特征及其他		编号	深度/m	编号	深度/m		
1																			
2																			
3																			
...																			

记录： 审核： 项目负责： 日期： 年 月 日

G.2 钻孔柱状图记录格式

钻孔柱状图记录格式见表 G.2。

表 G.2 钻孔柱状图记录表

勘查单位：　　　　　　　　　项目地点：　　　　　　　　　施工时间：

项目名称				孔口坐标		开孔孔径 mm	开孔日期	钻孔编号			
孔口高程 m						mm		初见水位			m
孔底高程 m						终孔孔径 mm	终孔日期	稳定水位			m
地层编号	地层代号	层底标高 /m	层底深度 /m	分层厚度 /m	柱状图 1：	岩性描述	TCR /%	RQD /%	触探试验		采样
									编号/深度/m	击数/N	编号/深度/m
1						（土层提示描述内容：土层名称、颜色、密实度、性状、湿度、结构构造、物性特征及其他）					
2						[岩层提示描述内容：风化程度＋岩性名称、颜色、结构构造、矿物组成、裂隙（溶穴、孔）发育情况等]			ZT01/××××		Y01/××××
…											Y02/××××

制图：　　　　　　　　审核：　　　　　　　　项目负责：　　　　　　　　日期：　　年　月　日

G.3 探槽（井）地质编录

探槽（井）地质编录格式见表G.3。

勘查单位：　　　　　　　　　　　　　　　项目地点：　　　　　　　　　　　　　　　施工时间：　　　　　　　　　　　　　　　共　　页　第　　页

表 G.3 探槽（井）地质编录表

项目名称							探槽（井）编号		槽（井）尺寸 /(m×m×m)	（长）×（宽）×（深）
槽（井）坐标/m	X：		Y：			槽（井）口高程/m	照片编号		槽（井）方量/m³	

层号	分层位置				地层代号	地层素描图	岩性描述					原位测试		样品采取	
	起		止				颜色	密实度	状态	湿度	风化程度	岩性名称、结构构造、物性特征及其他	编号	深度	编号	深度
	基线编号	基线读数	基线编号	基线读数												

记录：　　　　　　　　　　审核：　　　　　　　　　　项目负责：　　　　　　　　　　日期：　　　年　　月　　日

G.4 探槽（井）地质展示

探槽（井）地质展示记录格式见表 G.4。

表 G.4 探槽（井）地质展示

勘查单位：　　　　　　　　　　　项目地点：　　　　　　　　　　　共 页 第 页

项目名称				探槽（井）编号		照片编号	
探井坐标/m	X:	Y:	井口高程/m	地下水初见水位埋深/m		地下水静水位埋深/m	
四壁地质展示图（比例尺 1：　）				分层岩土性质和水文地质描述 ①　② …		试验与取样	

制图：　　　　　　　审核：　　　　　　　项目负责：　　　　　　　日期：　　年　月　日

附 录 H
（资料性附录）
泥石流试验方法

H.1 泥石流体地质试验内容

H.1.1 取代表性土样作泥石流流体容重（γ_c）和颗粒分析试验。

H.1.2 取样作试验或用比拟法确定固体颗粒容重（γ_H）。

H.1.3 对大型重点控制性泥石流沟，取主要补给区的土样作天然含水量（W_n）和天然密度等试验，必要时取泥石流堆积物土样作黏度（η）和静切力（τ）试验。

H.1.4 在黄土和黏土地区以泥石流堆积物作工程地基时，取泥石流堆积物土样作物理力学性质、湿陷性或湿化性试验。

H.2 泥石流流体容重（γ_c）的测定

H.2.1 现场调查试验法

条件许可时，可在泥石流暴发时，或泥石流暴发后的有效时间内（一般为 6 h），在需要测试的沟段取泥石流流体 3 组以上并测量其质量和体积；如超过有效时限，可现场请当地曾亲眼看见过该沟泥石流暴发的老居民多人次，在需要测试的沟段，选取有代表性的堆积物搅拌成暴发时的泥石流流体状态，进行样品鉴定，然后分别测出样品的质量和体积，按下式求出泥石流流体容重。

$$\gamma_c = \frac{W_c}{V_c} \quad \quad (H.1)$$

式中：

γ_c——泥石流流体容重，单位为吨每立方米（t/m³）；

W_c——样品的质量，单位为克（g）；

V_c——样品的体积，单位为立方厘米（cm³）。

H.2.2 流体形态调查法

调查曾目睹过泥石流的知情人，并让他们感官描述泥石流浆体的特征，按表 H.1 确定泥石流的流体容重。

表 H.1 泥石流流体稠度特征表

描述的浆体特征	稀浆状	稠浆状	稀粥状	稠粥状
容重取值 γ_c/（t/m³）	$1.2 \leq \gamma_c < 1.4$	$1.4 \leq \gamma_c < 1.6$	$1.6 \leq \gamma_c < 1.8$	$1.8 \leq \gamma_c < 2.4$

在使用上述办法时应慎重。泥石流流体密度应根据调查分析和试验结果作综合研究后确定。

H.3 颗粒级配分析

H.3.1 现场筛分试验法

在沟域内泥石流堆积区和物源堆积物分布区，选择有代表性的断面试验点，清除表面杂质层后，开挖 1 m×1 m，深 0.5 m～1.0 m 的取样坑，取出其全部土、砂、石，从中挑出粒径大于 200 mm 的石块单个分别称重，其余按粒径分筛为＞150 mm～200 mm，＞100 mm～150 mm，＞50 mm～100 mm，＞20 mm～50 mm，20 mm 及以下若干级，每级分组称重，计算分组质量与总质量之比，绘制颗粒级配曲线，求算颗粒级配特征值。现场筛分试验后，对粒径小于 20 mm 的颗粒，取样送实验室进行进一步室内筛析试验，送样质量不小于 1 kg。经数据处理后，获取泥石流堆积物或物源堆积物的粗粒和细粒的全级配颗粒组成特征值。

H.3.2 方格网法

在取样地段，选出代表性沟段画出 100 个 1 m×1 m 的小方格，取每个小方格交点上的一石块（剔除个别大孤石）来作统计。量取每个石块的三边尺寸（长、宽、高），计算三边尺寸的几何均值 $d_{cp}=\sqrt[3]{Lbh}$ 或算术平均值 $d_{cp}=(L+b+h)/3$，作为该石块的平均直径。然后按粒径大小分成若干个粒径组，称出各粒径组的质量与总质量之比，绘制颗粒级配曲线，求算颗粒级配特征值。

此法较简单，但精度较差。

H.4 泥石流流体的黏度(η)和静切力(τ)测试

取泥石流浆体，使用标准黏度计或旋转黏度计和泥浆静切力计测试。

H.4.1 泥浆取样方法

H.4.1.1 实测法

在观测站于泥石流暴发时取样。

在沟槽边岸人工取样：用绳索套上铁桶抛入沟槽泥石流流体中，在沟岸上提取，或直接下到河滩边吸取。此法简单，但沟中样品不易取到，还要特别注意人身安全。

机械取样：先在取样断面架设缆索，悬挂滑车，用铅鱼将取样器沉入泥石流流体中，可选取断面线上任一部位的泥石流样品。此法要求设备复杂，所取样品代表性强，是目前最理想的取样手段。

H.4.1.2 取土样搅拌法

在泥石流发生后，于沟床或沟边堆积物中清除表面杂质，挖取具有代表性的细颗粒 2 kg～3 kg，投入桶内，加水搅拌成泥浆，存放一段时间（24 h 以上），观察浆体无固液两相物质分离现象，即可当作实验用的泥石流浆体样品。

H.4.2 泥石流黏度(η)的测试

H.4.2.1 漏斗黏度计测定法

用量杯取通过筛网（粒径小于 0.2 mm）的泥浆 700 cm³ 于漏斗中，让泥浆经内径为 5 mm 的管子从漏斗流出，注满 500 cm³ 容器所需的时间（以秒计），即为测得的泥浆黏度。

H.4.2.2 旋转黏度计测定法

通过圆筒在流体中作同心圆旋转，测定其扭矩；也可连续改变旋转的角速度，测定各剪切速率下的剪应力,从而测得流体的流变曲线。根据有关公式可求得流体的黏度。

H.4.2.3 泥石流稠度经验取值法

现场调查、观察形成泥石流的山坡、沟床、土壤特征和访问老居民所见的暴发泥石流时的流体形态描述,按表 H.2 选定泥石流黏度。

表 H.2 泥石流稠度、土壤特征与黏度对照表

土壤特征	轻质砂黏土	粉土及重质砂黏土			黏土
泥石流体稠度	稀浆状	稠浆状	稀泥状	稠泥状	稀粥状
黏度/(Pa·s)	0.3~0.8	0.5~1.0	0.9~1.5	1.0~2.0	1.2~2.5

此法简单,具有很大的经验性。应根据调查分析和试验结果综合比选确定。

H.4.3 泥石流静切力(τ)测试

采用 1007 型静切力计测量。将过筛的泥浆倒入外筒,把带钢丝的悬柱挂在支架上,钢丝要悬中,泥浆面和悬柱顶面相平。静止 1 min 或 10 min,分别测定钢丝扭转角度,此读数乘以钢丝系数即为 1 min 或 10 min 的剪切力。

附 录 I
（资料性附录）
泥石流沟的数量化综合评判及易发程度分级标准

I.1 泥石流沟易发程度数量化评分标准

表 I.1 泥石流沟易发程度数量化评分表

序号	影响因素	量级划分							
		极易发(A)	得分	中等易发(B)	得分	轻度易发(C)	得分	不易发生(D)	得分
1	崩坍、滑坡及水土流失（自然和人为活动的）严重程度	崩坍、滑坡等重力侵蚀严重，多层滑坡和大型崩坍，表土疏松，冲沟十分发育	21	崩坍、滑坡发育，多层滑坡和中小型崩坍，有零星植被覆盖冲沟发育	16	有零星崩坍、滑坡和冲沟存在	12	无崩坍、滑坡、冲沟或发育轻微	1
2	泥砂沿程补给长度比/%	>60	16	30～60	12	10～<30	8	<10	1
3	沟口泥石流堆积活动程度	主河河型弯曲或堵塞，主流受挤压偏移	14	主河河型无较大变化，仅主流受迫偏移	11	主河河型无变化，主流在高水位时偏，低水位时不偏	7	主河无河型变化，主流不偏	1
4	河沟纵坡	>12°	12	6°～12°	9	3°～<6°	6	<3°	1
5	区域构造影响程度	强抬升区，6级以上地震区，断层破碎带	9	抬升区，4～6级地震区，有中小支断层	7	相对稳定区，4级以下地震区，有小断层	5	沉降区，构造影响小或无影响	1
6	流域植被覆盖率/%	<10	9	10～<30	7	30～60	5	>60	1
7	河沟近期一次变幅/m	>2	8	1～2	6	0.2～<1	4	<0.2	1
8	岩性影响	软岩、黄土	6	软硬相间	5	风化强烈和节理发育的硬岩	4	硬岩	1
9	沿沟松散物储量/(×10⁴ m³/km²)	>10	6	>5～10	5	1～5	4	<1	1
10	沟岸山坡坡度	>32°	6	25°～32°	5	15°～<25°	4	<15°	1
11	产沙区沟槽横断面	"V"形谷、"U"形谷、谷中谷	5	宽"U"形谷	4	复式断面	3	平坦型	1
12	产沙区松散物平均厚度/m	>10	5	5～10	4	1～<5	3	<1	1
13	流域面积/km²	0.2～5	5	5～<10	4	<0.2 或 10～100	3	>100	1
14	流域相对高差/m	>500	4	300～500	3	100～<300	2	<100	1
15	河沟堵塞程度	严重	4	中等	3	轻微	2	无	1

I.2 数量化评分(N)与容重(γ_c)、($1+\phi$)的关系

表 I.2 数量化评分(N)与容重(γ_c)、($1+\phi$)的关系对照表

评分 N	容重 γ_c/(t/m³)	$1+\phi$ ($\gamma_H=2.65$)	评分 N	容重 γ_c/(t/m³)	$1+\phi$ ($\gamma_H=2.65$)	评分 N	容重 γ_c/(t/m³)	$1+\phi$ ($\gamma_H=2.65$)
44	1.300	1.223	73	1.502	1.459	102	1.703	1.765
45	1.307	1.231	74	1.509	1.467	103	1.710	1.778
46	1.314	1.239	75	1.516	1.475	104	1.717	1.791
47	1.321	1.247	76	1.523	1.483	105	1.724	1.804
48	1.328	1.256	77	1.530	1.492	106	1.731	1.817
49	1.335	1.264	78	1.537	1.500	107	1.738	1.830
50	1.342	1.272	79	1.544	1.508	108	1.745	1.842
51	1.349	1.280	80	1.551	1.516	109	1.752	1.855
52	1.356	1.288	81	1.558	1.524	110	1.759	1.868
53	1.363	1.296	82	1.565	1.532	111	1.766	1.881
54	1.370	1.304	83	1.572	1.540	112	1.772	1.894
55	1.377	1.313	84	1.579	1.549	113	1.779	1.907
56	1.384	1.321	85	1.586	1.557	114	1.786	1.919
57	1.391	1.329	86	1.593	1.565	115	1.793	1.932
58	1.398	1.337	87	1.600	1.577	116	1.800	1.945
59	1.405	1.345	88	1.607	1.586	117	1.843	2.208
60	1.412	1.353	89	1.614	1.599	118	1.886	2.471
61	1.419	1.361	90	1.621	1.611	119	1.929	2.735
62	1.426	1.370	91	1.628	1.624	120	1.971	2.998
63	1.433	1.378	92	1.634	1.637	121	2.014	3.216
64	1.440	1.386	93	1.641	1.650	122	2.057	3.524
65	1.447	1.394	94	1.648	1.663	123	2.100	3.788
66	1.453	1.402	95	1.655	1.676	124	2.143	4.051
67	1.460	1.410	96	1.662	1.688	125	2.186	4.314
68	1.467	1.418	97	1.669	1.701	126	2.229	4.577
69	1.474	1.426	98	1.676	1.714	127	2.271	4.840
70	1.481	1.435	99	1.683	1.727	128	2.314	5.104
71	1.488	1.443	100	1.690	1.740	129	2.357	5.367
72	1.495	1.451	101	1.697	1.753	130	2.400	5.630

注:ϕ 为泥石流流沙修正系数;γ_H 为泥石流中固体物质容重,单位为吨每立方米(t/m³)。

I.3 泥石流沟易发程度数量化综合评判等级标准

表 I.3 泥石流沟易发程度数量化综合评判等级标准表

是与非的判别界限值		划分易发程度等级的界限值	
等级	标准得分 N 的范围	等级	按标准得分 N 的范围自判
是	44～130	极易发	116～130
		中等易发	87～115
		轻度易发	44～86
非	15～43	不易发生	15～43

附 录 J
（资料性附录）
泥石流特征值的确定

J.1 泥石流容重

以往泥石流容重的确定主要采用现场配浆试验法和查表法，近年来，国内外专家学者对基于浆体的泥石流容重计算、基于沉积物的容重计算进行了大量探索，取得了一些成果，本次规范修编将部分研究成果补充到规范中。具体勘查工作中，应根据泥石流沟的实际情况，首先通过调查确定泥石流性质，估计其容重大致范围，再根据具体条件选择 2～3 种适宜的方法对泥石流容重进行计算，结合泥石流运动特征分析，综合确定不同沟道断面处的泥石流容重值。

J.1.1 现场调查试验法

试验方法见附录 H.2。

条件具备时，采用该方法可取得较为准确的泥石流容重特征参数值，但可能受到取样代表性或配制泥石流浆体与实际泥石流体一致性的控制，因而对新近发生的泥石流具有较好的适用性，而对发生较为久远、缺乏目击者的泥石流及潜在的泥石流沟适用性差。

J.1.2 基于浆体容重的泥石流流体容重计算

对新近发生的泥石流，如果可取得泥石流沟边壁或岩壁固体黏结物，能确定上限粒径并具备进行配浆试验确定浆体容重的条件时，可按式(J.1)计算泥石流流体容重。

计算公式：

$$\gamma_c = 1 + \frac{\rho_s - 1}{1 + [\omega'(\rho_s - \gamma_f)/(\gamma_f - 1)]} \quad \cdots\cdots\cdots\cdots\cdots\cdots\cdots\cdots (J.1)$$

式中：

γ_c——泥石流容重，单位为吨每立方米（t/m³）；

ρ_s——固体颗粒的密度，单位为吨每立方米（t/m³）；

ω'——细颗粒（粒径小于泥石流的上限粒径，上限粒径一般取黏附于沟道岩壁浆体的最大粒径）的质量百分数（用小数表示）；

γ_f——泥石流浆体容重，单位为吨每立方米（t/m³），实际工作中取泥石流堆积物中的细颗粒配置。

计算时，首先根据泥石流沟边壁、岩壁上固体黏结物中最大粒径作为上限粒径 d_0，然后根据确定的上限粒径，取小于上限粒径的泥石流堆积物配置泥石流浆体，将浆体抛掷在类似的边壁、岩壁上，待黏附的最大粒径与上限粒径接近，黏附厚度与之相等时，称重计算确定泥石流浆体的容重。

J.1.3 基于沉积物的泥石流容重计算

J.1.3.1 根据泥石流沉积物中粗颗粒含量的容重计算公式

$$\gamma_c = (0.175 + 0.743 P_x)(\gamma_s - 1) + 1 \quad \cdots\cdots\cdots\cdots\cdots\cdots (J.2)$$

式中：

γ_c——泥石流容重，单位为吨每立方米（t/m³）；

P_x——泥石流堆积物中粒径大于 2 mm 粗颗粒的百分含量（用小数表示）；

γ_s——粗颗粒的相对密度，一般取 2.7 t/m³；

该式主要适用于西南地区黏性泥石流容重的计算。

J.1.3.2 根据泥石流沉积物中黏粒含量的容重计算公式

$$\gamma_c = -1.32 \times 10^3 x^7 - 5.13 \times 10^2 x^6 + 8.91 \times 10^2 x^5 - 55 x^4 + 34.6 x^3 - 67 x^2 + 12.5 x + 1.55 \quad (J.3)$$

式中：

γ_c——泥石流容重，单位为吨每立方米（t/m³）；

x——泥石流沉积物中的黏粒（粒径小于 0.005 mm）含量（用小数表示）。

此外，对黏粒含量为 3%～18%，容重大于 1.8 t/m³ 的黏性泥石流，可采用基于对数关系的计算模拟，用下式计算：

$$\gamma_c = \log\left[\frac{10x + 0.23}{|x - 0.089| + 0.1}\right] + e^{-20x-1} + 1.1 \quad (J.4)$$

式中各项参数含义同式(J.3)。

J.1.4 根据泥石流沉积物中粗细颗粒含量的容重计算公式

$$\gamma_c = P_{05}^{0.35} P_2 \gamma_V + \gamma_0 \quad (J.5)$$

式中：

γ_c——泥石流容重，单位为吨每立方米（t/m³）；

P_{05}——粒径小于 0.05 mm 的细颗粒的百分含量（用小数表示）；

P_2——粒径大于 2 mm 的粗颗粒的百分含量（用小数表示）；

γ_V——黏性泥石流的最小容重，取值 2.0 t/m³；

γ_0——泥石流的最小容重，黏性泥石流容重取值 1.5 t/m³，稀性泥石流容重取值 1.4 t/m³。

在计算泥石流容重前，首先判断泥石流的性质与容重范围。稀性泥石流容重在 1.8 t/m³ 以下。黏性泥石流有弱分选，无反粒径分布，则容重在 1.8 t/m³～2.0 t/m³ 之间；黏性泥石流如有反粒径分布（粗颗粒在上），则容重在 2.0 t/m³ 以上，石块越大，容重越大。计算结果如果不在此范围内，则需修正到此范围内。

对于高容重黏性泥石流（容重在 2.0 t/m³ 以上），沉积物中最大粒径为 100 mm；粒径大于 100 mm 部分不考虑在粒径分布的计算中。对于低容重黏性泥石流（容重在 1.8 t/m³～2.0 t/m³ 之间），沉积物中最大粒径为 20 mm；粒径大于 20 mm 部分不考虑在粒径分布的计算中。

对于稀性泥石流（容重在 1.8 t/m³ 以下），沉积物中最大粒径为 5 mm，$\gamma_0 = 1.4$ t/m³；粒径大于 5 mm 部分不考虑在粒径分布的计算中。

J.1.5 基于泥石流沟易发程度数量化评分的泥石流流体容重确定

即查表法，具体详见附录 I 表 I.2。主要用于计算结果的参考和校核。此外，对未发生过泥石流灾害的潜在泥石流沟，可采用查表法确定其泥石流容重。

J.2 泥石流流量

泥石流流量包括泥石流峰值流量和一次泥石流过程总量，是泥石流防治的基本参数。

J.2.1 泥石流峰值流量计算

J.2.1.1 形态调查法（泥痕调查法）

在泥石流沟道中选择典型代表性断面进行测量和计算。断面选在沟道顺直，断面变化不大，无阻塞、无回流，上下沟槽无冲淤变化，具有清晰泥痕的沟段。仔细查找泥石流过境后留下的痕迹，然后确定泥位。最后测量这些断面上的泥石流流面比降（若不能由痕迹确定，则用沟床比降代替）、泥位高度 H_c（或水力半径）和泥石流过流断面面积等参数。用相应的泥石流流速计算公式，求出断面平均流速 V_c 后，即可用下式求泥石流断面峰值流量 Q_c。

$$Q_c = W_c V_c \tag{J.6}$$

式中：

Q_c——泥石流断面峰值流量，单位为立方米每秒（m³/s）；

W_c——泥石流过流断面面积，单位为平方米（m²）；

V_c——泥石流断面平均流速，单位为米每秒（m/s）。

J.2.1.2 雨洪法（配方法）

该方法是在泥石流与暴雨同频率且同步发生、计算断面的暴雨洪水设计流量全部转变成泥石流流量的假设下建立的计算方法。其计算步骤是先按水文方法计算出断面不同频率下的暴雨洪峰流量（计算方法查阅水文手册，存在堵溃的情况时，按照溃坝水力学中的方法计算暴雨洪峰流量，存在融雪流量或地下水流量补给地表水时，暴雨洪峰流量应叠加融雪流量和地下水补给流量），然后选用堵塞系数，按式（J.7）计算泥石流流量。

$$Q_c = (1+\phi) Q_P D_c \tag{J.7}$$

式中：

Q_c——频率为 P 的泥石流洪峰值流量，单位为立方米每秒（m³/s）；

ϕ——泥石流泥沙修正系数，按式（J.8）计算，可参照表 I.2 确定；

Q_P——频率为 P 的暴雨洪水设计流量，单位为立方米每秒（m³/s）；

D_c——泥石流堵塞系数。

$$\phi = (\gamma_c - \gamma_w)/(\gamma_H - \gamma_c) \tag{J.8}$$

式中：

γ_c——泥石流容重，单位为吨每立方米（t/m³）；

γ_w——清水的容重，单位为吨每立方米（t/m³），取 $\gamma_w = 1.0$ t/m³；

γ_H——泥石流中固体物质容重，单位为吨每立方米（t/m³）。

泥石流堵塞系数一般取值为 1.0～3.0，其中，轻微堵塞取 1.0～1.4，一般堵塞取 1.5～1.9，中等堵塞取 2.0～2.5，严重堵塞 2.6～3.0。而据汶川地震灾区近年来泥石流观测数据，当地震引发大量崩滑堆积体，对泥石流沟道造成特别严重的堵塞时，堵塞系数取值可达到 3.1～5.0，甚至更高，也可参照附录 K，按溃坝水力学计算泥石流流量。

堵塞系数可查经验表 J.1 确定。

此外，在有实测资料时，也可按式（J.9）、式（J.10）估算。

$$D_c = 0.87 t^{0.24} \tag{J.9}$$

$$D_c = 58/Q_c^{0.21} \tag{J.10}$$

式中：

D_c——泥石流堵塞系数；

表 J.1 泥石流堵塞系数 D_c 值

堵塞程度	特征	堵塞系数 D_c
特别严重	地震影响强烈区大型崩滑堆积体发育的沟谷；沟道中分布滑坡崩塌堰塞体，堰塞湖库容大；高速远程滑坡碎屑流堆积于沟道，堆积厚度大；沟岸新近滑坡崩塌发育，堆积于河床并挤压沟道形成多处堵点；沟道中有多处宽窄急剧变化段，如峡谷卡口、过流断面不足的桥涵；观测到的泥石流流体黏性大，泥石流规模放大显著	3.1～5.0
严重	沟槽弯曲且曲率较大，沟道宽窄不均，纵坡降变化大，卡口、陡坎多，大部分支沟交汇角度大，松散物源丰富且分布较集中；沟岸稳定性差，崩滑现象发育且对沟道堵塞较为严重；沟道松散堆积物源丰富且沟槽堵塞严重，物源集中分布区沟道摆动严重，沟道物源易于启动并参与泥石流活动；观测到的泥石流流体黏性大、稠度高，阵流间隔时间长	2.6～3.0
中等	沟槽弯道发育但曲率不大，沟道宽度有一定变化，局部有陡坎、卡口分布，主支沟交角多小于60°，物源分布集中程度中等；局部沟岸滑塌较发育，并对沟道造成一定程度的堵塞；沟道内聚集的松散堆积物源较丰富，并具备启动和参与泥石流活动的条件，河床堵塞情况中等；观测到的泥石流流体多呈稠浆—稀粥状，具有一定的阵流特征	2.0～2.5
一般	沟槽基本顺直均匀，主支沟交汇角较小，基本无卡口、陡坎，物源分布较分散；沟岸基本稳定，局部沟岸滑塌，但对沟道的堵塞程度轻微；沟道基本稳定，松散堆积物厚度较薄且难于启动；观测到的泥石流物质组成黏度较小，阵流的间隔时间较短	1.5～1.9
轻微	沟槽顺直均匀，主支沟交汇角小，基本无卡口、陡坎，物源分散；沟岸稳定，崩滑现象不发育；沟道稳定，沟道见基岩出露，或松散堆积物厚度较薄且难于启动；观测到的泥石流物质组成黏度小，阵流的间隔时间短而少	1.0～1.4

t——实测堵塞时间，即阵性泥石流间的断流时间，单位为秒(s)；

Q_c——实测堵塞前的泥石流流量，单位为立方米每秒(m^3/s)。

两式均适用于黏性阵流堵塞系数的估算，但由于堵塞原因复杂，堵塞时间和堵塞前流量并非决定流量的唯一因素，因而计算精度较低，且实测堵塞时间及流量等参数往往较为缺乏，因而该计算方法仅供参考。

J.2.2 一次泥石流过程总量计算

一次泥石流过程总量可通过计算法和实测法确定。实测法精度高，但因往往不具备测量条件，只是一个粗略的概算，因而泥石流勘查工作中主要采用计算法确定，但对新近发生泥石流，可按实际调查得到的固体物质堆积量，对计算结果进行校核。

一次泥石流过程总量的计算主要有以下方法：

J.2.2.1 泥石流过程线概化模型计算公式

根据泥石流历时和最大流量，按泥石流暴涨暴落的特点，将其过程线概化成五角形，按式(J.11)进行计算。

$$Q = 0.264 T Q_c \quad \cdots\cdots (J.11)$$

式中：

Q——泥石流一次过程总量，单位为立方米(m^3)；

T——泥石流历时，单位为秒(s)，可根据实际调访确定，或根据泥石流流域面积及汇流特点采用类比法确定；无调查资料时，采用水文计算的洪水持续时间；

Q_c——泥石流最大峰值流量，单位为立方米每秒(m^3/s)。

J.2.2.2 阵性泥石流或混合泥石流计算公式

对阵流时间间隔较长的阵性泥石流和阵性泥石流与连续泥石流组成的混合型泥石流的一次过程总量的计算，可按式(J.12)～式(J.19)计算。

$$Q_{1/2} = 0.296\ 97 Q_{max} - 6 \qquad (J.12)$$

$$Q_{3/4} = 0.506\ 72 Q_{max} - 16 \qquad (J.13)$$

$$r = \frac{\ln\frac{1}{2}}{\ln(Q_{1/2}/Q_{3/4})} \qquad (J.14)$$

$$c = -\frac{\ln\frac{1}{2}}{Q_{1/2}^r} \qquad (J.15)$$

$$\bar{Q}_{阵c} = \int_0^\infty x f(x) dx = \frac{\Gamma(1+1/r)}{c^{1/r}} \qquad (J.16)$$

$$T_{阵行} = 23\ 255 e^{\frac{T_{阵}}{53\ 691}} - 23\ 422 \qquad (J.17)$$

$$W_{阵c} = \frac{1}{2} \bar{Q}_{阵c} T_{阵行} \qquad (J.18)$$

$$W_{混c} = 0.59 \times \frac{1}{2}(T_{总} - T_{断})\bar{Q}_{阵c} + 0.41 k T_{连} \cdot \bar{Q}_{连c} \qquad (J.19)$$

式中：

$Q_{1/2}$——阵性泥石流流量过程线上1/2分位点值，单位为立方米每秒(m^3/s)；

$Q_{3/4}$——阵性泥石流流量过程线上3/4分位点值，单位为立方米每秒(m^3/s)；

Q_{max}——阵性泥石流峰值流量的极大值，单位为立方米每秒(m^3/s)，由现场调查确定；

r、c——计算参数；

$\bar{Q}_{阵c}$——阵性泥石流平均峰值流量，单位为立方米每秒(m^3/s)；

$\Gamma(r)$——gammar函数；

$T_{阵行}$——一场阵性泥石流中各阵泥石流的行流总历时，单位为秒(s)；

$T_{阵}$——一场阵性泥石流的总时间，单位为秒(s)，由现场调查实测确定；

$W_{阵c}$——阵性泥石流一次总量，单位为立方米(m^3)；

$W_{混c}$——含阵性泥石流和连续泥石流的混合泥石流一次总量，单位为立方米(m^3)；

$T_{总}$——一场含阵性泥石流和连续泥石流的混合泥石流总历时，单位为秒(s)，由现场调查实测确定；

$T_{断}$——阵性泥石流部分的断流时间，单位为秒(s)，由现场调查实测确定；

$T_{连}$——连续流部分持续时间，单位为秒(s)，由现场调查确定；

$\bar{Q}_{连c}$——连续泥石流峰值流量，单位为立方米每秒(m^3/s)，由调访数据、经验公式计算得出；

k——与流域面积相关的参数，由规范手册得出。

J.2.2.3 一次泥石流冲出的固体物质总量计算公式

按式(J.20)计算。

$$Q_H = Q(\gamma_c - \gamma_w)/(\gamma_H - \gamma_w) \qquad (J.20)$$

式中：
Q_H——一次泥石流固体物质冲出量，单位为立方米（m³）；
Q——一次泥石流过程总量，单位为立方米（m³），按式（J.11）或式（J.18）阵性泥石流计算公式和式（J.19）混合泥石流计算公式计算求得；
γ_c——泥石流容重，单位为吨每立方米（t/m³）；
γ_w——清水的容重，单位为吨每立方米（t/m³），取 $\gamma_w=1.0$ t/m³；
γ_H——泥石流固体物质容重，单位为吨每立方米（t/m³）。

J.3 泥石流流速

泥石流流速是决定泥石流动力学性质的最重要参数之一。目前泥石流流速计算公式为半经验或经验公式，概括起来一般分为稀性泥石流流速计算公式、黏性泥石流流速计算公式和泥石流中大石块运动速度计算三类。近年来随着相关研究的开展，又提出了根据弯道超高计算流速、根据浆体流变性能计算流速等新方法，可作流速计算参考。

J.3.1 稀性泥石流流速计算公式

J.3.1.1 原铁道部第二勘察设计院推荐的西南地区经验公式

$$V_c = \frac{1}{n}\frac{1}{\sqrt{\gamma_H \phi + 1}} R^{2/3} I^{1/2} \quad\quad\quad\quad (J.21)$$

式中：
V_c——泥石流断面平均流速，单位为米每秒（m/s）；
$\frac{1}{n}$——清水河床糙率系数，查水文手册；
R——水力半径，单位为米（m），一般可用平均泥深代替；
I——泥石流水力坡度（用小数表示），一般可用沟床纵坡代替；
ϕ——泥沙修正系数；
γ_H——泥石流固体物质容重，单位为吨每立方米（t/m³）。

J.3.1.2 北京市政设计院推荐的北京地区经验公式

$$V_c = \frac{m_w}{a} R^{2/3} I^{1/2} \quad\quad\quad\quad (J.22)$$

$$a = (\gamma_H \phi + 1)^{1/2} \quad\quad\quad\quad (J.23)$$

式中：
m_w——河床外阻力系数，可通过查表J.2获取。
其余参数含义同式（J.22）。

J.3.1.3 М.Ф.斯里勃内依（1940年）式

$$V_c = \frac{6.5}{a} H_c^{2/3} I_c^{1/4} \quad\quad\quad\quad (J.24)$$

$$a = \sqrt{\phi \gamma_H + 1} \quad\quad\quad\quad (J.25)$$

式中：
V_c——泥石流断面平均流速，单位为米每秒（m/s）；
H_c——平均泥深，单位为米（m）；
I_c——泥石流水力坡度（用小数表示），一般可用沟床纵坡代替。

表 J.2 河床外阻力系数

分类	河床特征	m_w	
		$I>0.015$	$I\leqslant 0.015$
1	河段顺宜,河床平整,断面为矩形或抛物线形的漂石、砂卵石或黄土质河床,平均粒径为 0.01 m～0.08 m	7.5	40
2	河段较顺直,由漂石、碎石组成的单式河床,河床质地较均匀,大石块直径 0.4 m～0.8 m,平均粒径为 0.2 m～0.4 m;或河段较弯曲不太平整的一类河床	6.0	32
3	河段较为顺直,由巨石、漂石、卵石组成的单式河床,大石块直径为 0.1 m～1.4 m,平均粒径为 0.1 m～0.4 m,或较为弯曲不太平整的二类河床	4.0	25
4	河段较为顺直,河槽不平整,由巨石、漂石组成的单式河床,大石块直径为 1.2 m～2.0 m,平均粒径 0.2 m～0.6 m;或较为弯曲的不平整的三类河床	3.8	20
5	河段严重弯曲,断面很不规则,有树木、植被、巨石严重阻塞的河床	2.4	12.5

J.3.1.4 原铁道部第一勘察设计院推荐的西北地区经验公式

$$V_c = \frac{15.3}{a} H_c^{2/3} I_c^{3/8} \quad \cdots\cdots\cdots\cdots (J.26)$$

式中各参数含义同式(J.24)。

J.3.1.5 急流稀性泥石流流速计算公式

$$V_c = 1.8(gR)^{1/2} I_c^{1/10} \quad \cdots\cdots\cdots\cdots (J.27)$$

式中:

V_c——泥石流平均流速,单位为米每秒(m/s);

g——重力加速度,取值 9.8 m/s²;

R——水力半径,单位为米(m);

I_c——纵坡降(用小数表示)。

J.3.2 黏性泥石流流速计算公式

J.3.2.1 东川泥石流改进公式

适于低阻型黏性泥石流流速的计算,计算式见式(J.28)。

$$V_c = K H_c^{2/3} I_c^{1/5} \quad \cdots\cdots\cdots\cdots (J.28)$$

式中:

K——黏性泥石流流速系数,用内插法由表 J.3 查得。

其余参数含义同式(J.24)。

表 J.3 黏性泥石流流速参数 K 值表

H_c/m	<2.5	3	4	5
K	10	9	7	5

J.3.2.2 甘肃武都地区黏性泥石流流速计算公式

适于中阻型黏性泥石流流速的计算,计算式见式(J.29)。

$$V_c = m_c H_c^{2/3} I_c^{1/2} \quad\quad\quad\quad (J.29)$$

式中：

m_c——泥石流沟床糙率系数，用内插法由表 J.4 查得。

其余参数含义同式(J.24)。

表 J.4 泥石流沟床糙率系数 m_c 值表

类别	沟床特征	m_c			
		$H_c=0.5$ m	$H_c=1.0$ m	$H_c=2.0$ m	$H_c=4.0$ m
1	黄土地区泥石流沟或大型的黏性泥石流沟，沟床平坦开阔，流体中大石块很少，纵坡为 20‰～60‰，阻力特征属低阻型	—	29	22	16
2	中小型黏性泥石流沟，沟谷一般平顺，流体中含大石块较少，沟床纵坡为 30‰～80‰，阻力特征属中阻型或高阻型	26	21	16	14
3	中小型黏性泥石流沟，沟谷狭窄弯曲，有跌坎；或沟道虽顺直，但含大石块较多的大型稀性泥石流沟；沟床纵坡为 40‰～120‰，阻力特征属高阻型	20	15	11	8
4	中小型稀性泥石流沟，碎石质河床，多石块，不平整，沟床纵坡为 100‰～180‰。	12	9	6.5	—
5	河道弯曲，沟内多顽石、跌坎，床面极不平顺的稀性泥石流，沟床纵坡为 120‰～250‰。	—	5.5	3.5	—

J.3.2.3 古乡沟泥石流流速计算公式

适于高阻型黏性泥石流流速的计算，特别适用于含有大漂石的冰川泥石流，计算公式见式(J.30)。

$$V_c = \frac{1}{n_c} H_c^{3/4} I_c^{1/2} \quad\quad\quad\quad (J.30)$$

式中：

n_c——泥石流糙率系数，一般黏性泥石流取值 0.45，稀性泥石流取值 0.25。

其余参数含义同式(J.24)。

综合西藏古乡沟、东川蒋家沟、武都火烧沟的通用公式：

$$V_c = \frac{1}{n_c} H_c^{2/3} I_c^{1/2} \quad\quad\quad\quad (J.31)$$

式中：

n_c——黏性泥石流糙率系数，用内插法由表 J.5 查得。

其余参数含义同式(J.24)。

J.3.2.4 黏性泥石流平均速度计算公式

兼顾低阻、中阻、高阻型黏性泥石流的平均流速计算公式。

$$V_c = 1.1(gR)^{1/2} S^{1/3} \left(\frac{D_{50}}{D_{10}}\right)^{1/4} \quad\quad\quad\quad (J.32)$$

表 J.5 黏性泥石流糙率系数表

序号	泥石流体特征	沟床状况	糙率值 n_c	糙率值 $\frac{1}{n_c}$
1	流体呈整体运动;石块粒径大小悬殊,一般为 30 cm~50 cm,2 m~5 m 粒径的石块约占 20%;龙头由大石块组成,在弯道或河床展宽处易停积,后续流可超越而过,龙头流速小于龙身流速,堆积呈垄岗状	河床极粗糙,沟内有巨石和挟带的树木堆积,多弯道和大跌水,沟内不能通行,人迹罕见。沟床流通段纵坡在 100‰~150‰ 之间,阻力特征属高阻型	当 $H_c<2$ m 时,取值 0.445,平均值 0.270	当 $H_c<2$ m 时,取值 2.25,平均值 3.57
2	流体呈整体运动,石块较大,一般石块粒径 20 cm~30 cm,含少量粒径 2 m~3 m 的大石块;流体搅拌较为均匀;龙头紊动强烈,有黑色烟雾及火花;龙头和龙身流速基本一致;停积后呈垄岗状堆积	河床比较粗糙,凹凸不平,石块较多,有弯道、跌水;沟床流通段纵坡为 70‰~100‰,阻力特征属高阻型	当 $H_c<1.5$ m 时,取值 0.050~0.033,平均值 0.040; 当 $H_c\geq1.5$ m 时,取值 0.050~0.100,平均值 0.067	当 $H_c<1.5$ m 时,取值 20~30,平均值 25; 当 $H_c\geq1.5$ m 时,取值 10~20,平均值 15
3	流体搅拌十分均匀;石块粒径一般在 10 cm 左右,挟有个别 2 m~3 m 的大石块;龙头和龙身物质组成差别不大;在运动过程中龙头紊动十分强烈,浪花飞溅;停积后浆体与石块不分离,向四周扩散呈叶片状	沟床较稳定,河床物质较均匀,粒径 10 cm 左右;受洪水冲刷沟底不平而且粗糙,流水沟两侧较平顺,但干而粗糙;流通段沟底纵坡为 55‰~70‰,阻力特征属中阻型或高阻型	当 0.1 m<H_c<0.5 m 时,取值 0.043; 当 0.5 m≤H_c<2.0 m 时,取值 0.077; 当 2.0 m≤H_c<4.0 m 时,取值 0.100	当 0.1 m<H_c<0.5 m 时,取值 23; 当 0.5 m≤H_c<2.0 m 时,取值 13; 当 2.0 m≤H_c<4.0 m 时,取值 10
4		泥石流铺床后原河床黏附一层浆体,使干而粗糙河床变得光滑平顺,利于泥石流体运动,阻力特征属低阻型	当 0.1 m<H_c<0.5 m 时,取值 0.022; 当 0.5 m≤H_c<2.0 m 时,取值 0.038; 当 2.0 m≤H_c<4.0 m 时,取值 0.050	当 0.1 m<H_c<0.5 m 时,取值 46; 当 0.5 m≤H_c<2.0 m 时,取值 26; 当 2.0 m≤H_c<4.0 m 时,取值 20

式中:

V_c——泥石流流速,单位为米每秒(m/s);

R——水力半径,单位为米(m);

S——纵比降;

D_{50}——泥石流中小于 50% 质量的颗粒粒径,单位为毫米(mm);

D_{10}——泥石流中小于 10% 质量的颗粒粒径,单位为毫米(mm),泥石流粒径计算的取样为小样,粒径小于 100 mm。

J.3.3 泥石流中大石块运动速度计算公式

在缺乏大量实验数据和实测数据的情况下,可利用泥石流堆积区中的最大粒径大致推求石块运动速度的经验公式:

$$V_s = \alpha \sqrt{d_{\max}} \quad\quad\quad\quad\quad (J.33)$$

式中：
V_s——泥石流中大石块的移动速度，单位为米每秒(m/s)；
d_{max}——泥石流堆积物中最大石块的粒径，单位为米(m)，一般应大于1 m；
α——全面考虑的摩擦系数（泥石流容重、石块相对密度、石块形状系数、沟床比降等因素），$3.5 \leqslant \alpha \leqslant 4.5$，平均 $\alpha = 4.0$。

J.3.4 弯道超高法流速计算公式

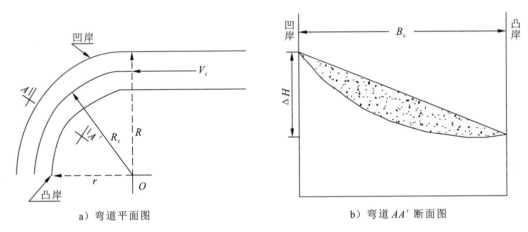

a) 弯道平面图   b) 弯道 AA' 断面图

图 J.1 弯道示意图

根据弯道泥痕调查所得的沟道两岸泥痕的弯道高差值(ΔH)计算流速见图 J.1 和式(J.34)。

$$V_c = \sqrt{\frac{R_c g \Delta H}{B_c}} \quad \cdots\cdots (J.34)$$

式中：
V_c——计算弯道处的泥石流流速，单位为米每秒(m/s)；
R_c——沟道中心曲率半径，单位为米(m)；
g——重力加速度，取值 9.8 m/s²；
ΔH——弯道超高高度，单位为米(m)；
B_c——泥石流表面宽度，单位为米(m)。

J.4 泥石流动力学特征值的确定

J.4.1 泥石流冲击力

泥石流冲击力是泥石流防治工程设计的重要参数，分为流体整体冲压力和个别石块的冲击力两种。

J.4.1.1 泥石流体整体冲压力计算公式

1) 原铁道部第二勘察设计院推荐的成昆、东川两线经验公式

$$\delta = \lambda \frac{\gamma_c}{g} V_c^2 \sin\alpha \quad \cdots\cdots (J.35)$$

式中：
δ——泥石流体整体冲击压力，单位为帕[斯卡](Pa)；
γ_c——泥石流容重，单位为吨每立方米(t/m³)；

V_c——泥石流流速,单位为米每秒(m/s);

g——重力加速度,单位为米每二次方秒(m/s²),取 $g=9.8$ m/s²;

α——建筑物受力面与泥石流冲压力方向的夹角,单位为度(°);

λ——建筑物形状系数,圆形建筑物 $\lambda=1.0$,矩形建筑物 $\lambda=1.33$,方形建筑物 $\lambda=1.47$。

2) 蒋家沟修正公式

$$\delta = K\gamma_c V_c^2 \quad \cdots\cdots (J.36)$$

式中:

δ——泥石流体整体冲击压力,单位为帕[斯卡](Pa);

γ_c——泥石流容重,单位为吨每立方米(t/m³);

V_c——泥石流流速,单位为米每秒(m/s);

K——泥石流不均匀系数,K 取值为 2.5～4.0。

3) 日本公式

$$\delta = \gamma_c H_c V_c^2 \quad \cdots\cdots (J.37)$$

式中:

δ——泥石流体整体冲击压力,单位为帕[斯卡](Pa);

γ_c——泥石流容重,单位为吨每立方米(t/m³);

V_c——泥石流流速,单位为米每秒(m/s);

H_c——泥石流泥深,单位为米(m)。

4) 沙砾泥石流冲压力公式

$$\delta = 4.72 \times 10^5 V_c^2 d \quad \cdots\cdots (J.38)$$

式中:

δ——泥石流体整体冲击压力,单位为帕[斯卡](Pa);

V_c——泥石流流速,单位为米每秒(m/s);

d——石块半径,单位为米(m)。

J.4.1.2 泥石流体中大石块的冲击力

1) 公式一(对梁的冲击力)

$$F = \sqrt{\frac{3EJV^2W}{gL^3}} \sin\alpha \quad (\text{概化为悬臂梁的形式}) \quad \cdots\cdots (J.39)$$

$$F = \sqrt{\frac{48EJV^2W}{gL^3}} \sin\alpha \quad (\text{概化为简支梁的形式}) \quad \cdots\cdots (J.40)$$

式中:

F——石块冲击力,单位为牛[顿](N);

E——构件弹性模量,单位为帕[斯卡](Pa);

J——构件截面中心轴的惯性矩,单位为四次方米(m⁴);

L——构件长度,单位为米(m);

V——石块运动速度,单位为米每秒(m/s),不能准确获取时,可用泥石流流速代替;

α——石块运动方向与受力面的夹角,单位为度(°);

W——石块质量,单位为吨(t)。

2) 公式二(对墩的冲击力)

$$F = \gamma V \sin\alpha \sqrt{\frac{W}{C_1 + C_2}} \quad \cdots\cdots (J.41)$$

式中：

F——石块冲击力，单位为牛[顿](N)；

V——石块运动速度，单位为米每秒(m/s)，不能准确获取时，可用泥石流流速代替；

α——石块运动方向与受力面的夹角，单位为度(°)；

γ——动能折减系数，对圆形端属正面撞击，取$\gamma=0.3$；

C_1, C_2——巨石、桥墩的弹性变形系数，取$C_1+C_2=0.005$。

3) 公式三

$$F=\gamma_H A V C \quad\quad\quad (J.42)$$

式中：

F——石块冲击力，单位为牛[顿](N)；

V——石块运动速度，单位为米每秒(m/s)，不能准确获取时，可用泥石流流速代替；

A——石块与被撞击物接触面积，单位为平方米(m²)；

C——撞击物的弹性波传递系数，石块一般可取值4 000。

4) 公式四

$$F=C[E_1 E_2/(E_1+2E_2)V^4 M^2]^{1/3}\sin\alpha^{1/2} \quad\quad\quad (J.43)$$

$$C=0.225(\tau/\gamma_c g d)^{-0.1}(d/d_0)^{0.05} \quad\quad\quad (J.44)$$

式中：

E_1——冲击物弹性模量，单位为帕[斯卡](Pa)；

E_2——被冲击物弹性模量，单位为帕[斯卡](Pa)；

V——冲击速度，单位为米每秒(m/s)；

M——冲击物质量，单位为千克(kg)；

α——冲击方向与冲击物表面法向夹角，单位为度(°)；

τ——泥石流屈服应力，单位为帕[斯卡](Pa)；

γ_c——泥石流容重，单位为千克每立方米(kg/m³)；

d——泥石流中浆体部分最大颗粒(指大块石以下部分)粒径，单位为米(m)，$d_0=0.002$ m。

泥石流屈服应力的野外测量方法：

$$\tau=\gamma_c g h \sin\theta \quad\quad\quad (J.45)$$

式中：

γ_c——泥石流容重，单位为千克每立方米(kg/m³)；

h——泥石流最大淤积厚度，单位为米(m)；

θ——泥石流淤积处的底坡坡度，单位为度(°)

J.4.2 泥石流最大冲起高度

$$\Delta H=\frac{V_c^2}{2g} \quad\quad\quad (J.46)$$

式中：

ΔH——泥石流最大冲起高度，单位为米(m)；

V_c——泥石流流速，单位为米每秒(m/s)；

g——重力加速度，单位为米每二次方秒(m/s²)，取$g=9.8$ m/s²。

J.4.3 泥石流爬高

$$\Delta H_c = \frac{bV_c^2}{2g} \quad \cdots\cdots\cdots\cdots\cdots\cdots\cdots (J.47)$$

式中：

ΔH_c——泥石流爬高，单位为米(m)；

V_c——泥石流流速，单位为米每秒(m/s)；

g——重力加速度，单位为米每二次方秒(m/s²)，取 $g=9.8$ m/s²；

b——迎面坡度的函数。

由于计算时将泥石流龙头的整体运动速度作为计算参数，而实际泥石流龙头中部(流核)流速远远大于整体流速，因而上式计算结果往往偏小，因而按式(J.47)计算结果需乘以修正系数1.6。当迎面坡度为90°时，取 $b=1$，修正的爬高计算公式为式(J.48)。

$$\Delta H_c = 1.6 \times \frac{V_c^2}{2g} = 0.8\frac{V_c^2}{g} \quad \cdots\cdots\cdots\cdots\cdots\cdots\cdots (J.48)$$

式中各项参数含义同式(J.47)。

J.4.4 泥石流的弯道超高

由于泥石流流速快，惯性大，故在弯道凹岸处有比水流更加显著的弯道超高现象。

J.4.4.1 推导公式

根据弯道泥面横比降动力平衡条件，推导出计算弯道超高的公式(J.49)。

$$\Delta h = 2.3 \frac{V_c^2}{g} \lg \frac{R}{r} \quad \cdots\cdots\cdots\cdots\cdots\cdots\cdots (J.49)$$

式中：

Δh——弯道超高，单位为米(m)；

R——凹岸曲率半径，单位为米(m)；

r——凸岸曲率半径，单位为米(m)；

g——重力加速度，单位为米每二次方秒(m/s²)，取 $g=9.8$ m/s²；

V_c——泥石流流速，单位为米每秒(m/s)。

J.4.4.2 日本(高桥保)公式

$$\Delta h = \frac{2B_c V_c^2}{R_c g} \quad \cdots\cdots\cdots\cdots\cdots\cdots\cdots (J.50)$$

式中：

Δh——泥石流弯道超高高度，单位为米(m)；

B_c——泥石流表面宽度，单位为米(m)；

V_c——计算弯道处的泥石流流速，单位为米每秒(m/s)；

R_c——沟道中心曲率半径，单位为米(m)；

g——重力加速度，取 $g=9.8$ m/s²。

J.4.4.3 弯道最大超高

$$H = 4.3 \frac{BV_c^2}{Rg} \left[\frac{\tau}{\gamma_c gB}\right]^{0.2} \quad \cdots\cdots\cdots\cdots\cdots\cdots\cdots (J.51)$$

$$\theta = 20 + 56 \frac{V_c^2}{Rg} e^{\frac{80\tau}{\gamma_c gB}} \quad\quad\quad\quad\quad\quad\quad (J.52)$$

式中：

H——弯道超高值（凹岸与凸岸之差），单位为米（m）；

V_c——泥石流运动平均速度（指进入弯道前），单位为米每秒（m/s）；

B——沟道宽，单位为米（m）；

τ——泥石流屈服应力，单位为帕［斯卡］（Pa）；

γ_c——泥石流容重，单位为千克每立方米（kg/m³）；

R——弯道中心曲率半径，单位为米（m）；

θ——最大弯道超高位置与弯道入口的断面夹角，单位为度（°），$\theta<90°$；

g——重力加速度，取 $g=9.8$ m/s²。

J.4.5 扇区冲刷计算

泥石流下切冲刷深度经验计算公式为式（J.53）。

$$H_B = PH_c\left[\left(\frac{KV_c}{V_H}\right)^n - 1\right] \quad\quad\quad\quad\quad\quad\quad (J.53)$$

式中：

H_B——局部冲刷深度，单位为米（m）；

P——冲刷系数，取值见表 J.6；

H_c——泥石流泥深，单位为米（m）；

V_c——扇区泥石流流速，单位为米每秒（m/s）；

V_H——土壤不冲刷流速，单位为米每秒（m/s），取值见表 J.7；

n——与堤岸平面形状有关的系数，一般取值 1/4～1/2。

K——泥石流平均流速增大系数，根据内插法确定，取值见表 J.8。

表 J.6 冲刷系数 P 值表

河流类型		冲刷系数	附注
山区	峡谷段	1～1.2	河谷窄深无滩，岸壁稳定，水位变幅大
	开阔段	1.1～1.4	有河滩，桥孔可适当压缩河滩部分断面
山前区	半山区稳定段	1.2～1.4	河段大体顺直，滩槽明显，河谷较为开阔，岸线及河槽形态也较为稳定
	变迁性河段	1.2～1.8	滩槽不明显，甚至无河滩，河段微弯或呈扇状扩散，洪水时此冲彼淤，岸线和主槽形态位置不稳多变，在断面平均水深小于等于 1 m 时可接近较大值 1.8
平原区		1.1～1.4	有河滩，桥孔可适当压缩河滩部分断面

表 J.7 土壤不冲刷流速 V_H 表

土的种类	淤泥	细砂	砂粒土	粗砂	黏土	砾石	卵石	漂砾
不冲刷流速 V_H/(m/s)	0.2	0.4	0.6	0.8	1.0	1.2	1.5	2.0

表 J.8 泥石流平均流速增大系数 K 值

$\gamma_c/(t/m^3)$	1.2	1.3	1.4	1.5	1.6	1.7	1.8	1.9	2.0	2.1	2.2
K	1.27	1.42	1.60	1.73	1.88	2.08	2.30	2.38	2.52	2.70	2.85

附 录 K
（资料性附录）
堵溃型泥石流调查评判及溃决流量计算

K.1 堵溃型泥石流调查评价

堵溃型泥石流的调查评价，首先判定泥石流沟道的堵塞性，然后对易堵塞的沟道进行溃决性评价。根据泥石流物源、沟道等，可分为易堵溃型和不易堵溃型，堵溃型进一步分为易溃型和不易溃型。

表 K.1 易堵溃型泥石流沟判识

判识参照指标	易堵溃型泥石流	不易堵溃型泥石流
沟道纵坡突变	沟道陡缓坡相间，主要为上游陡坡、中下游缓坡	沟道以陡坡为主，坡度变化不大
粗大漂砾	物源区软硬岩相间，物源成分中的粗大漂砾多	以软岩为主，物源中大漂砾石很少
卡口	沟道有狭窄的卡口段，卡口宽度小于物源中最大粒径的2倍，0.5 m³块度以下颗粒物质所占比例大于60%	流域沟谷宽阔，无卡口段
弯道	沟道中弯道较多且弯道半径小	沟道顺直或沟道转弯半径大
滑坡崩塌	流通区崩塌、滑坡发育，稳定性差	流通区无崩塌或滑坡发育

K.2 堵溃型泥石流溃决流量计算

滑坡、崩塌等堵沟形成的堆积体（堰塞坝）溃决时，可按下列公式估算溃决最大洪峰流量。

全部溃决计算公式：

$$Q_M = 0.9 \left(\frac{H-h}{H-0.827} \right) B \sqrt{H}(H-h) \quad \quad \quad (K.1)$$

局部溃决计算公式：

$$Q_M = 0.9 \left(\frac{B}{b} \right)^{1/4} b H_0^{3/2} \quad \quad \quad (K.2)$$

溃坝洪峰最大流量向下游演进计算公式：

$$Q_{LM} = \frac{W}{\dfrac{W}{Q_M} + \dfrac{S}{VK}} \quad \quad \quad (K.3)$$

式中：

Q_M——堰塞坝处溃决形成的最大流量，单位为立方米每秒（m³/s）；

H——坝高，单位为米（m）；

h——溃决后剩余坝高，单位为米（m），如未剩余则 $h=0$；

B——坝长，单位为米（m）；

S——下游控制断面距坝址的距离，单位为米（m）；

Q_{LM}——据坝址 S 距离处的控制断面最大溃坝演进流量，单位为立方米每秒（m³/s）；

W——堰塞坝形成的湖区库容,单位为立方米(m^3);

V——河道洪水期断面平均流速,单位为米每秒(m/s),在有资料的地区 V 可取实测最大值;无资料时山区取 3 m/s～5 m/s,丘陵区取 2 m/s～3 m/s,平原区取 0.8 m/s～0.9 m/s;

K——经验系数,山区取 1.1～1.5,丘陵区取 1.0,平原区取 0.8～0.9。

附 录 L
（规范性附录）
泥石流勘查基本工作量表

表 L.1 泥石流勘查基本工作量表

勘查方法		工作精度	量与单位	工作量		布置范围或工作内容
				初勘	详勘	
遥感调查		1：25 000	面积/km²	10	—	全沟域
地形测量		1：50 000～1：5 000	面积/km²	10	—	全沟域
		1：2 000～1：500	面积/km²	1.5	0.5～1.0	拟设工程区
		1：500～1：50	面积/km²	—	0.05～0.5	拟设工程区
工程地质测绘		1：50 000～1：5 000	面积/km²	10	—	全沟域
		1：2 000～1：500	面积/km²	1～2	0.5～1.0	沟道及重要物源区
		1：500～1：50	面积/km²	0.1～0.5	0.05～0.5	拟设工程区
勘探	钻探	拦砂坝（桩林坝）	孔数/个	1～2	2～3	比选方案同等布置
			进尺/m	20～60	40～90	
		重点物源	孔数/个	—	1～2	拟设治理工程的物源
			进尺/m		20～60	
	探井	谷坊坝	数量/个	1～2	—	物源区及拟设防护墙、停淤工程区
			进尺/m	5～10		
		排导槽（堤）	数量/个	1～2	1～2	
			进尺/m	5～10	5～10	
		重点物源	数量/个	—	1～2	
			进尺/m		5～10	
	槽探	拦砂坝	数量/个	1～2	—	物源区及拟设工程区
			体积/m³	5～10		
		谷坊坝	数量/个	1～2	—	
			体积/m³	5～10		
		排导槽（堤）	数量/个	1～2	1～2	
			体积/m³	5～10	5～10	
		重点物源	数量/个	1～2	—	
			体积/m³	5～10		
	物探		剖面长度/km	0～2	—	重要物源区
现场试验	动力触探		孔数/个	—	1～2	拟设工程区地基承载力
			进尺/m		20～60	
	渗透试验		组	—	0～3	拦砂坝工程区
室内试验	土工试验		组	10～20	5～10	颗分、重度、岩土体参数
	水样试验		件	2～3	1～2	水对混凝土、钢筋的腐蚀性

注1：遥感调查、地形测量、工程地质测绘等基本工作量按流域面积10 km²计，具体工作布置应按照泥石流沟实际流域面积折算，并结合沟域具体情况及规范中勘查的基本要求确定。
注2：钻探的基本工作量按照1个拟设拦砂坝（包括格栅坝、缝隙坝、梳齿坝）、1处重点物源进行折算；探井、槽探基本工作量按1个拟建谷坊坝、1处重点物源、100 m长排导槽（堤）进行折算；动力触探、渗透试验基本工作量按照1个拟建拦砂坝进行折算。
注3：室内试验基本工作量按照泥石流沟域计算。
注4：详勘是在初勘上的加密工作量，若合并为一阶段勘查，工作量为两者叠加。

附 录 M
（资料性附录）
勘查设计书编制提纲

勘查设计书编制提纲格式如下：
第一章 前言
（一）任务由来
（二）目的任务
（三）以往地质工作程度
（四）勘查依据
（五）地质灾害危害
第二章 自然地理和地质环境条件
（一）自然地理
（二）地质环境条件
（三）人类工程活动
第三章 泥石流形成条件
（一）沟道条件
（二）物源条件
（三）水源条件
（四）历史泥石流特征
（五）泥石流发展趋势
第四章 治理方案初步设想
（一）既有防治工程概况和防灾效果
（二）防治目标和工程治理思路
（三）拟建工程布置及主要构筑物
第五章 勘查工作布置
（一）布置原则
（二）勘查工作布置
（三）勘查工作技术要求
（四）勘查工作量
（五）勘查工作进度计划
第六章 组织管理与保障措施
（一）勘查项目管理及人员配备
（二）勘查设备配置
（三）保障措施
第七章 预期勘查成果

附图

1) 平面图

泥石流沟勘查工作布置图、拟设治理工程区勘查工作分项布置图等。

2) 剖面图

泥石流沟道纵剖面图、典型物源勘查工作布置剖面图、典型沟道工程地质剖面图、拟设治理工程区勘查工作布置横剖面图等。

3) 钻孔结构理想设计图

4) 探槽及探井理想展示图

附 录 N
（资料性附录）
勘查报告编写提纲

本提纲是编写详细勘查报告的建议提纲，初步勘查报告和补充勘查报告根据实际情况可在此提纲的基础上做相应调整或简化。

第一章　前言
（一）任务由来
（二）泥石流危害
（三）勘查目的与任务
（四）区域（流域）已往地质工作程度
（五）勘查设计与实际完成工作量
（六）勘查工作质量评述

第二章　勘查区自然地理条件
（一）位置与交通
（二）气象和水文

第三章　沟域地质环境条件
（一）地形地貌
（二）地层岩性
（三）地质构造与地震
（四）水文地质条件
（五）人类工程活动

第四章　泥石流形成条件分析
（一）地形地貌及沟道条件
（二）物源条件
（三）水源条件

第五章　泥石流基本特征
（一）泥石流危害
（二）泥石流沟道冲淤特征
（三）泥石流堆积物特征
（四）泥石流发生频率和规模
（五）泥石流的成因机制和引发因素
（六）潜在堵点特征分析

第六章　泥石流特征值计算
（一）泥石流流体容重
（二）泥石流流量
（三）泥石流流速
（四）一次泥石流过流总量

（五）一次泥石流固体冲出物

（六）泥石流整体冲压力

（七）泥石流爬高和最大冲起高度

（八）泥石流弯道超高

第七章　滑坡崩塌集中物源参与泥石流活动分析

（一）物源所在斜坡特征

（二）物源点形态、堆积体规模和地质结构特征

（三）物源体变形破坏情况

（四）物源启动特征分析

（五）参与泥石流活动方式及动储量计算

第八章　泥石流活动和发展趋势预测

（一）泥石流易发程度

（二）泥石流发生频率和发展阶段

（三）泥石流可能冲出规模及危险区范围预测

第九章　既有防治工程评述及泥石流防治方案建议

（一）既有防治工程评述

（二）防治工程目标及总体治理思路

（三）防治工程设计参数建议

（四）防治方案建议

第十章　拟设治理工程部位工程地质条件

（一）稳坡固源区工程地质条件

（二）拦砂坝区工程地质条件

（三）排导槽区工程地质条件

（四）施工条件

第十一章　结论与建议

（一）结论

（二）建议

附图

1) 平面图

包括泥石流沟全域工程地质平面图、泥石流防治工程方案建议图、拟设治理工程区工程地质平面图、重要物源点工程地质平面图等。

2) 剖面图

包括主沟道和支沟道工程地质纵剖面图、重要物源点工程地质剖面图、重要节点（卡口、堵点、跌水、峡谷与宽谷、弯道与直道、陡坡与缓坡、桥涵等）沟道工程地质剖面图、拟设治理工程区工程地质剖面图等。

3) 钻孔综合柱状图

4) 槽探及井探地质展示图

附件

1) 物源调查图表

2) 现场试验综合成果图表

3) 岩土水试验报告
4) 物探解译报告
5) 遥感解译报告
6) 地形地质图测绘技术说明报告
7) 勘查工作影像图集

其他附件

1) 勘查任务书或委托书或合同
2) 勘查成果内审意见
3) 勘查资质证书
4) 勘查工作设计书